地质分析卓越工程师教育培养计划系列教材

仪器分析实验教程
YIQI FENXI SHIYAN JIAOCHENG

郑洪涛　陈　艳　鲁立强　田　欢
黄云杰　马真真　邱海鸥　　　　　编著

中国地质大学出版社
ZHONGGUO DIZHI DAXUE CHUBANSHE

图书在版编目(CIP)数据

仪器分析实验教程/郑洪涛等编著. —武汉:中国地质大学出版社,2022.9
ISBN 978-7-5625-5246-8

Ⅰ.①仪…

Ⅱ.①郑…

Ⅲ.①仪器分析-实验-教材

Ⅳ.①O657-33

中国版本图书馆 CIP 数据核字(2022)第 059813 号

仪器分析实验教程			郑洪涛 等编著
责任编辑:唐然坤	选题策划:张 华 唐然坤		责任校对:张咏梅
出版发行:中国地质大学出版社(武汉市洪山区鲁磨路388号)			邮政编码:430074
电 话:(027)67883511	传 真:(027)67883580		E-mail:cbb@cug.edu.cn
经 销:全国新华书店			http://cugp.cug.edu.cn
开本:787毫米×1092毫米 1/16		字数:276千字	印张:10.75
版次:2022年9月第1版		印次:2022年9月第1次印刷	
印刷:武汉市籍缘印刷厂			
ISBN 978-7-5625-5246-8			定价:36.00元

如有印装质量问题请与印刷厂联系调换

前　言

"仪器分析实验"是一门实践性很强的课程,它的教学内容和方式随着"仪器分析"课程教学的改革也在不断地修改、更新和充实。除了提高学生对理论知识的掌握,教师在实验教学过程中要特别能充分激发学生的学习兴趣,调动学生的学习积极性和主动性,只有这样才能使学生更好地掌握所学内容,从而真正达到在实验教学中培养学生动手动脑、解决实际问题能力的目的。在这样的学习环境和氛围中,学生在教学过程中的主体地位可得到充分确立。

从这一角度出发,本教材编撰了3类不同层次的实验,即基础实验、设计性实验和探索性实验。基础实验主要包括理论验证性实验和应用分析方法分析实际样品实验,这些实验均有详细的实验操作指导内容。基础实验的主要目的是让学生学习方法原理,并掌握仪器的操作和使用。设计性实验和探索性实验则是在完成教学基础实验的基础上,学生自选感兴趣的课题,在教师的指导下查阅文献资料,依据原理提示,拟定自选实际样品分析的实验方案和详细的实验步骤,并完成实验操作和实验报告。设计性实验和探索性实验以调动学生的学习积极性、培养学生的创新意识和创造能力为主,且在实验的编排中,实验样品也尽量考虑了其多样性,并更贴近日常生产生活,同时也侧重体现了一定地质科学相关的行业特色。

本教材共分为11章,包括仪器分析实验预备知识、原子发射光谱法、原子吸收光谱与原子荧光光谱法、X射线荧光光谱法、电感耦合等离子体质谱法、电导分析法、电位分析法、电解和库仑分析法、伏安和极谱分析法、气相色谱(-质谱)法、高效液相色谱法。全书共有75个实验,其中基础实验有57个,设计性实验17个,探索性实验1个。为了丰富实验内容、激发学生的实验兴趣和拓展学生的知识面,其中有部分实验方案来源于地质分析、环境监测、材料检测等行业的实际生产过程,实验内容和步骤较为复杂,学生可根据教学要求、实验与仪器条件以及自身兴趣来进行适当取舍。

本实验教材由中国地质大学(武汉)材料与化学学院郑洪涛和鲁立强、武汉科技大学化工学院陈艳等编撰。在编写过程中,中国地质大学(武汉)材料与化学学院化学系汤志勇教授、帅琴教授以及化学系其他教师给予了许多指导和帮助,博士生董俊航、邢鹏举和硕士生李露洁等承担了部分实验资料的收集与方案的验证工作,在此表示深深的谢意。

关于本教材中主要参考文献的引用，在此特别声明：首先，由于本教材是实验实践性教材，内容多为基础实验，其中的实验目的、方法原理、实验步骤、数据处理等为多年来不同高等院校"仪器分析实验"课程教学团队的经典内容总结，部分实验参考或摘录自"主要参考文献"中所列的书籍；其次，笔者是在前人工作基础上延伸了部分设计性实验和探索性实验，文中参考其他文献的内容引用无法做到全书每处一一对应，故针对重点实验的重点引文位置进行引用说明，详见"主要参考文献"中"参考文献引用简表"；最后，部分内容由于年代久远和资料查阅等困难，无法列出具体引用来源，也可能存在部分文献漏引等情况。在此对本教材涉及内容的所属编著者一并表示歉意和衷心感谢。特此声明！

限于笔者水平，本书中难免存在缺点和遗漏，敬请读者批评指正。

笔 者

2022 年 6 月

目 录

第一章 仪器分析实验预备知识 (1)
- 第一节 仪器分析实验的基本要求 (1)
- 第二节 仪器分析实验的一般知识 (2)
- 第三节 仪器分析实验室安全知识 (5)
- 第四节 实验数据记录和处理 (6)

第二章 原子发射光谱法 (9)
- 实验一 乳剂特性曲线制作 (9)
- 实验二 多种元素蒸发曲线的制作 (13)
- 实验三 岩石矿物的光谱半定量分析(垂直电极法) (16)
- 实验四 锡的光谱定量分析(三标准试样法) (19)
- 实验五 合金钢中锰、钒、硅的光谱定量分析 (22)
- 实验六 电感耦合等离子体发射光谱法测定水样中铬、钴、镍、铜、锌等元素 (23)
- 实验七 电感耦合等离子体原子发射光谱法测定锌锭中铅的含量 (25)
- 实验八 电感耦合等离子体原子发射光谱法测定矿泉水中微量元素 (27)
- 实验九 电感耦合等离子体原子发射光谱法测定硫铁矿中的铁 (28)
- 实验十 阳离子树脂交换-电感耦合等离子体原子发射光谱法测定 15 种稀土元素 (30)
- 实验十一 铋精矿石中杂质元素的发射光谱(摄谱法)定性、定量分析(设计性实验) (33)
- 实验十二 电感耦合等离子体原子发射光谱法测定天然水中多种元素(设计性实验) (34)
- 实验十三 电感耦合等离子体原子发射光谱法测定硫化矿石中 11 种元素(设计性实验) (35)

第三章 原子吸收光谱与原子荧光光谱法 (36)
- 实验十四 原子吸收光谱法测量条件的选择及水样中铜的测定 (36)
- 实验十五 原子吸收光谱法测定的干扰及其消除 (39)

实验十六　火焰原子吸收光谱法灵敏度和检出限及自来水中钙、镁的测定 ………… (41)
　　实验十七　原子吸收光谱法测定矿石中的铜(工作曲线法) …………………………… (43)
　　实验十八　火焰原子吸收光谱法测定铝合金中镁的含量(标准加入法) ……………… (45)
　　实验十九　原子吸收光谱法测定人发中的微量锌元素 ………………………………… (47)
　　实验二十　豆乳粉中铁、铜、钙的测定(设计性实验) …………………………………… (48)
　　实验二十一　原子吸收光谱法测定工业废水中铬(Ⅵ)-阳离子表面活性剂的增感效应
　　　　　　　………………………………………………………………………………… (49)
　　实验二十二　石墨炉原子吸收光谱法最佳温度和时间的选择及环境水样中微量铅的
　　　　　　　测定 ……………………………………………………………………………… (50)
　　实验二十三　石墨炉原子吸收光谱法测定血清中的铬 ………………………………… (54)
　　实验二十四　石墨炉原子吸收光谱法测定试样中痕量镉 ……………………………… (56)
　　实验二十五　石墨炉原子吸收光谱法测定痕量金(设计性实验) ……………………… (57)
　　实验二十六　原子荧光光谱分析测量条件的选择 ……………………………………… (58)
　　实验二十七　氢化物发生-原子荧光光谱法测定砷 …………………………………… (60)
　　实验二十八　冷原子荧光法测定废水中痕量汞 ………………………………………… (61)
　　实验二十九　氢化物发生-原子荧光法测定矿石中痕量锑(设计性实验) …………… (63)
　　实验三十　茶叶中不同形态砷的分离测定 ……………………………………………… (64)
第四章　X射线荧光光谱法 …………………………………………………………………… (68)
　　实验三十一　波长色散X射线荧光光谱法岩石矿物样品定性、半定量分析 ………… (68)
　　实验三十二　熔融制样X射线荧光光谱法定量分析地质样品中10种主量元素氧化物
　　　　　　　……………………………………………………………………………………… (71)
　　实验三十三　粉末压片X射线荧光光谱法测量铁矿石主、次量元素(设计性实验)
　　　　　　　……………………………………………………………………………………… (72)
第五章　电感耦合等离子体质谱法 …………………………………………………………… (74)
　　实验三十四　电感耦合等离子体质谱仪测定水样中痕量铅、铜、镉、锌、铬等元素 … (74)
　　实验三十五　王水溶样-电感耦合等离子体质谱法测定硅酸盐岩石中砷、锑、铋、银、
　　　　　　　镉、铟 ……………………………………………………………………………… (76)
　　实验三十六　高压封闭分解-电感耦合等离子体质谱法测定钒钛磁铁矿石中痕量
　　　　　　　元素(设计性实验) ……………………………………………………………… (79)
　　实验三十七　ICP-MS分析中分子离子干扰及碰撞反应池技术消除干扰 …………… (80)
　　实验三十八　单颗粒-电感耦合等离子体质谱法(SP-ICP-MS)测定银纳米粒子
　　　　　　　(探索性实验) …………………………………………………………………… (85)

第六章　电导分析法 ········· (89)

实验三十九　电导池常数及水质纯度测定 ········· (89)

实验四十　电导滴定法测定醋酸的解离常数 K_a ········· (90)

第七章　电位分析法 ········· (93)

实验四十一　电位法测定水溶液的 pH 值 ········· (93)

实验四十二　电位法测定皮蛋的 pH 值 ········· (96)

实验四十三　醋酸电离度和电离常数的测定 ········· (97)

实验四十四　氟离子选择性电极测定天然水中的氟含量(离子选择性电极) ········· (99)

实验四十五　牙膏中微量氟的测定(离子选择性电极) ········· (101)

实验四十六　氯离子选择性电极性能的测试(设计性实验) ········· (104)

实验四十七　电位滴定法测定氯离子浓度和 AgCl 的 K_{sp} ········· (105)

实验四十八　非水电位滴定法测定药物中有机碱的含量 ········· (107)

实验四十九　电位法络合滴定测定铝的含量(设计性实验) ········· (109)

第八章　电解和库仑分析法 ········· (110)

实验五十　铜合金中铜的测定及铜合金中铜与铅的同时测定(恒电流电解法) ········· (110)

实验五十一　库仑滴定法测定硫代硫酸钠的浓度 ········· (112)

实验五十二　化学指示剂指示终点的库仑滴定法(设计性实验) ········· (113)

第九章　伏安和极谱分析法 ········· (115)

实验五十三　极谱分析中的氧波、极大现象及迁移电流的消除 ········· (115)

实验五十四　极谱法定性和定量测定铜 ········· (116)

实验五十五　单扫描示波极谱法测定水样中微量铅 ········· (118)

实验五十六　单扫描示波极谱法定性分析及测定水样中的锌 ········· (119)

实验五十七　极谱催化波测定自来水中痕量钨、钼(设计性实验) ········· (120)

实验五十八　极谱法测定镉离子的半波电位和电极反应的电子数 ········· (121)

实验五十九　循环伏安法测定铁氰化钾电极反应过程 ········· (123)

实验六十　阳极溶出伏安法测定水样中微量镉 ········· (126)

实验六十一　阴极溶出伏安法测定水果中抗坏血酸(设计性实验) ········· (127)

第十章　气相色谱(-质谱)法 ········· (129)

实验六十二　气相色谱法定性分析风油精中的主要成分 ········· (129)

实验六十三　气相色谱法定量分析风油精中各组分含量 ········· (131)

实验六十四　气相色谱中最佳载气流速的选择(设计性实验) ········· (132)

实验六十五　气-固色谱法测定空气中 O_2、N_2 组分的含量 ········· (134)

实验六十六　气相色谱法测定白酒中甲醇含量 ········· (135)

实验六十七　混二甲苯分析(设计性实验) ……………………………………………… (137)
　实验六十八　醇系物的分离(程序升温气相色谱法) …………………………………… (137)
　实验六十九　气相色谱-质谱法联用定性分析正构烷烃 ………………………………… (139)
　实验七十　气相色谱-质谱法测定苯、甲苯、二甲苯含量 ……………………………… (140)

第十一章　高效液相色谱法 ……………………………………………………………………… (143)
　实验七十一　高效液相色谱法定性分析苯、甲苯和萘 ………………………………… (143)
　实验七十二　高效液相色谱法定量分析苯、甲苯、萘的混合物 ……………………… (144)
　实验七十三　高效液相色谱法测定饮料中的咖啡因 …………………………………… (146)
　实验七十四　反相液相色谱法分离芳香烃(设计性实验) ……………………………… (147)
　实验七十五　对羟基苯甲酸酯类混合物的反相高效液相色谱分析(设计性实验)
　　　　　　　…………………………………………………………………………………… (148)

主要参考文献 …………………………………………………………………………………………… (150)

附　录 …………………………………………………………………………………………………… (153)
　附录一　元素分析线 ………………………………………………………………………… (153)
　附录二　常用显影液和定影液配方 ………………………………………………………… (155)
　附录三　pH 标准缓冲溶液的组成和性质 …………………………………………………… (156)
　附录四　中国建立的 7 种 pH 基准缓冲溶液的 pH_s 值 …………………………………… (157)
　附录五　不同温度下甘汞电极的电极电势(mV,vs. SHE) ………………………………… (158)
　附录六　不同温度下 Ag/AgCl 电极的电极电势(mV,vs. SHE) …………………………… (158)
　附录七　极谱半波电位表(25℃) ……………………………………………………………… (159)
　附录八　KCl 溶液的电导率 ………………………………………………………………… (161)
　附录九　无限稀溶液的离子摩尔电导率(25℃) ……………………………………………… (163)
　附录十　元素的相对原子质量(A_r)表(IUPAC 2011 年) ………………………………… (164)

第一章 仪器分析实验预备知识

第一节 仪器分析实验的基本要求

分析化学是研究确定物质的化学组成,测量各组成的含量,表征物质的化学结构、形态、能态,并在时空范畴跟踪其变化的各种分析方法及相关理论的一门科学,一般分为化学分析和仪器分析两大组成部分。其中,仪器分析是通过测量物质的某些物理或物理化学性质及其变化来进行分析的方法。在现代测试技术高速发展的今天,仪器分析日益广泛地成为许多领域科研和生产中必不可少的获取信息的一门学科。仪器分析是一门实践性很强的学科,它将实验教学与理论教学紧密结合,是化学化工、地质矿产、环境监测、生物医药等专业的基础实践课程之一。

仪器分析实验主要包括了光分析(光谱法、非光谱法)、电化学分析、色谱分析、热分析和质谱法等分析方法。它不仅涉及了化学知识,还包括了物理学、电子学、数学、计算机技术等相关学科的知识,这对学习者提出了更高的要求。本教材旨在通过仪器分析实验,加深学生对有关仪器分析基本原理的理解,并使其掌握必要的实验基础知识和基本操作技能,学会如何依据实验目的正确地选择和使用合适的仪器方法、优化实验条件,提高学生分析问题、解决问题的能力;同时,学生通过学习实验数据的处理方法,来保证实验结果准确可靠;培养学生良好的实验习惯、实事求是的科学态度、严谨细致的工作作风和坚韧不拔的科学品质;提高学生观察、分析和解决问题的能力,为学习后续课程和将来参加工作打下良好的基础。

为了达到上述目的,对仪器分析实验课程提出以下基本要求。

(1)认真预习。由于仪器实验的特点,一般会采取大循环方式组织教学,可能会出现实验和讲课内容不同步的问题,这对课前预习提出了更高的要求。每次实验前学生必须明确实验目的和要求,了解实验步骤和注意事项,写好预习报告,做到心中有数。

(2)认真仔细操作仪器,如实记录,积极思考。在实验过程中,要认真地学习相关分析仪器设备的基本操作技术,在教师的指导下正确、安全地使用仪器,严格按照规范进行操作。在实验过程中,要细心观察实验现象,及时将实验条件和现象以及分析测试的原始数据记录在实验记录本上,不得随意涂改;同时要勤于思考,积极主动分析问题,培养良好的实验习惯和科学作风。

(3)认真撰写实验报告。根据实验记录,对实验数据和实验现象进行认真整理、计算、分析和归纳总结,并及时完成实验报告。实验报告一般包括实验名称、实验日期、实验目的和原理、主要试剂与仪器及其工作条件、实验步骤、实验数据及分析处理、实验结果、讨论。实验报告应简明扼要,条理清晰,图表数据表达要规范。

(4)严格遵守实验室各项规则,注意实验安全。保持实验室内安静、整洁;应保持实验台面清洁,仪器和试剂应按照规定摆放整齐且有序,爱护实验仪器设备,实验中如发现仪器工作不正常,应及时报告教师处理;实验中要注意节约、安全使用电、水和有毒或具腐蚀性的试剂;每次实验结束后,应将所用的试剂及仪器复原,清洗好用过的器皿,整理好实验室。

第二节 仪器分析实验的一般知识

一、仪器分析实验用水

仪器分析实验应使用纯水,一般是蒸馏水或去离子水。有些实验要求用二次蒸馏水或更高规格的纯水(如电分析化学、液相色谱、质谱等实验)。纯水并非绝对不含杂质,只是杂质含量极少而已。仪器分析实验用水的级别及主要技术指标参考《分析实验室用水规格和试验方法》(GB/T 6682—2008),见表1-1。

表1-1 仪器分析实验用水的级别及主要技术指标

指标名称	单位	一级	二级	三级
pH值范围(25℃)	—	—	—	5.0~7.5
电导率(25℃)	mS/m	≤0.01	≤0.10	≤0.50
可氧化物质含量(以O计)	mg/L	—	≤0.08	≤0.4
吸光度(254nm,1cm光程)	—	≤0.001	≤0.01	—
蒸发残渣[(105±2)℃]	mg/L	—	≤1.0	≤2.0
可溶性硅(以SiO_2计)	mg/L	—	≤0.01	≤0.02

注:①由于在一级水、二级水的纯度下,难于测定其真实的pH值,因此对一级水、二级水的pH值范围不做规定;②由于在一级水的纯度下,难于测定可氧化物质和蒸发残渣,对其限量不做规定,可用其他条件和制备方法来保证一级水的质量。

蒸馏水:通过蒸馏方法除去水中非挥发性杂质而得到的纯水称为蒸馏水。同是蒸馏所得的纯水,由于器皿不同其中含有的杂质种类和含量也不同。用玻璃蒸馏器蒸馏所得的水含有Na^+和SiO_3^{2-}等离子,而用铜蒸馏器所制得的纯水则可能含有Cu^{2+}离子。

去离子水:利用离子交换剂去除水中的阳离子和阴离子杂质所得的纯水称为离子交换水或去离子水。未进行处理的去离子水可能含有微生物和有机物杂质,使用时应注意。

二、玻璃器皿洗涤

实验中使用的玻璃器皿应洁净透明,且内外壁能被水均匀地润湿且不挂水珠。

1.洗涤方法

洗涤分析化学实验用的玻璃器皿时,一般要先洗去污物,用自来水冲净洗涤液,至内壁不挂水珠后,再用纯水(蒸馏水或去离子水)淋洗3次。去除油污的方法视器皿而异,烧杯、锥形瓶、量筒和离心管等可用毛刷蘸合成洗涤剂刷洗。移液管、吸量管和容量瓶等具有精密刻度的玻璃量器,不宜用刷子刷洗,可以用合成洗涤剂浸泡一段时间;若仍不能洗净,可用铬酸洗液洗涤。洗涤时先尽量将水沥干,再倒入适量铬酸洗液洗涤,注意用完的洗液要倒回原瓶,切勿倒入水池。光学玻璃制成的比色皿可用热的合成洗涤剂或盐酸-乙醇混合液浸泡内外壁数分钟(时间不宜过长)。

2. 常用的洗涤剂

(1)铬酸洗液:即饱和 $K_2Cr_2O_7$ 的浓溶液,具有强氧化性,能除去无机物、油污和部分有机物。配制方法是:称取 10g $K_2Cr_2O_7$(工业级即可)于烧杯中,加入约 20mL 热水溶解后,在不断搅拌下,缓慢加入 200mL 质量分数 98% 浓 H_2SO_4(后文默认浓 H_2SO_4 的质量分数为 98%)冷却后,转入玻璃瓶中,备用。铬酸洗液可反复使用,正常情况下溶液呈暗红色,当溶液呈绿色时表示已经失效,必须重新配制。铬酸洗液腐蚀性很强,且对人体有害,使用时应特别注意安全,也不可将其倒入水池。

(2)合成洗涤剂:主要是洗衣粉、洗洁精等,适用于去除油污和某些有机物。

(3)盐酸-乙醇溶液:为化学纯盐酸和乙醇(体积比为 1∶2)的混合溶液,用于洗涤被有色物污染的比色皿、容量瓶和移液管等。

(4)有机溶剂洗涤液:主要有丙酮、乙醚、苯或饱和氢氧化钠-乙醇溶液,用于洗去聚合物、油脂及其他有机物。

三、常用试剂规格和使用

1. 常用试剂规格

仪器分析实验虽然不像分析化学实验中直接利用化学反应来进行测定,但仍然会使用到各种不同的化学试剂。所用试剂的质量直接影响分析结果的准确性,因此应根据实验的具体情况,如分析方法的灵敏度与选择性、分析对象的含量及对分析结果准确度要求等,合理选择相应级别的试剂,在既能保证实验正常进行的同时,又避免不必要的浪费。化学试剂产品品种繁多,现在还没有统一的分类标准,一般可分为基准试剂、一般试剂、高纯试剂和专用试剂。

(1)基准试剂:基准试剂是用于衡量其他(欲测)物质化学量的标准物质,又称之为标准试剂,其特点是主体含量高、使用可靠。我国规定滴定分析第一基准和滴定分析工作基准的主体含量分别为 100%±0.02% 和 100%±0.05%。

(2)一般试剂:一般试剂是实验室最普遍使用的试剂,其规格是以所含杂质的多少来划分的,包括通用的一级、二级、三级、四级试剂和生化试剂等。一般化学试剂的分级、标志、标签颜色和适用范围见表 1-2。

(3)高纯试剂:高纯试剂最大的特点是杂质含量比优级或基准试剂都低,用于微量或痕量分析中试样的分解和试液的制备,可最大限度地减少空白值带来的干扰,提高测定结果的可靠性。同时,高纯试剂的技术指标中主体成分与优级或基准试剂相当,但标明杂质含量的项目数量是优级或基准试项目数量的 2~3 倍。

表 1-2 一般化学试剂规格表

级别	中文名称	英文符号	适用范围	标签颜色
一级试剂	优级纯（保证试剂）	G.R.	精密分析实验	绿色
二级试剂	分析纯（分析试剂）	A.R.	一般分析实验	红色
三级试剂	化学纯	C.P.	一般化学实验	蓝色
四级试剂	实验试剂	L.R.	一般化学实验辅助试剂	棕色或其他颜色
生化试剂	生化试剂、生物染色剂	B.R.	生物化学及医用化学实验	咖啡色、玫瑰色

(4)专用试剂:专用试剂顾名思义是指有专门用途的试剂。例如色谱分析法中使用色谱纯试剂及色谱分析专用载体、填料、固定液和薄层分析试剂,光学分析法中使用光谱纯试剂和其他分析法中的专用试剂。专用试剂除了符合高纯试剂的要求外,更重要的是在特定的用途中它的干扰杂质成分要在不产生明显干扰的限度之下。

2. 试剂使用注意事项

(1)打开瓶盖(塞)取出试剂后,应立即将瓶盖(塞)盖好,以免试剂吸潮、沾污和变质。瓶盖(塞)不许随意放置,以免被其他物质沾污,影响原瓶试剂质量。

(2)试剂应直接从原试剂瓶取用,多取试剂不允许倒回原试剂瓶。固体试剂应用洁净干燥的小勺取用。取用强碱性试剂后的小勺应立即洗净,以免腐蚀。用吸管取用液态试剂时,决不许用同一吸管同时吸取两种试剂。

(3)盛装试剂的瓶上应贴有标明试剂名称、规格及出厂日期的标签。没有标签或标签字迹难以辨认的试剂在未确定其成分前,不能随便使用。

3. 试剂的保存

试剂放置不当可能引起质量和组分的变化,因此正确保存试剂非常重要。一般化学试剂应保存在通风良好、干净的房子里,避免水分、灰尘及其他物质的沾污,并根据试剂的性质采取相应的保存方法和措施。

(1)容易腐蚀玻璃而影响试剂纯度的试剂应保存在塑料瓶或涂有石蜡的玻璃瓶中,如氢氟酸、氟化物(氟化钠、氟化钾、氟化铵)、氢氧化钾、氢氧化钠等。

(2)见光易分解、遇空气易被氧化和易挥发的试剂应保存在棕色瓶中,放置在阴暗处,如过氧化氢、硝酸银、焦性没食子酸、高锰酸钾、草酸、铋酸钠等属见光易分解物质,氯化亚锡、硫酸亚铁、亚硫酸钠等属易被空气氧化的物质,溴、氨水和大多数有机溶剂属易挥发的物质。

(3)易燃、易爆炸、易相互作用的试剂应分开储存在阴凉通风的地方,如有机溶剂属易燃试剂,氯酸、过氧化氢、硝基化合物属易爆炸试剂,酸与氨水、氧化剂与还原剂属易相互作用物质等。

(4)剧毒试剂应专门保管,严格执行取用手续,以免发生中毒事故,如氰化物(氰化钾、氰化钠)、氢氟酸、二氯化汞、三氧化二砷(砒霜)等属剧毒试剂。

第三节 仪器分析实验室安全知识

在仪器分析实验中,经常使用水、电、易破损的玻璃仪器,以及一些具有腐蚀甚至易燃、易爆或有毒的化学试剂和装有各种气体的高压钢瓶等。为确保人身和实验室的安全,且不污染环境,预防燃气、高压气体、高压电、易燃易爆化学品等可能产生的火灾和爆炸事故,应严格遵循"安全第一"的原则。学生从进入实验室开始就必须严格遵守实验室的安全规则。

(1)禁止将食物和饮品带进实验室,实验中注意不用手摸脸、眼等部位。一切化学试剂严禁入口,实验完毕后必须洗手。

(2)使用浓酸、浓碱及其他腐蚀性试剂时,切勿溅在皮肤和衣物上。涉及浓 HNO_3、浓 HCl、浓 H_2SO_4、高氯酸、浓氨水等试剂的操作,均应在通风橱内进行;夏天开启浓氨水、浓 HCl 时,一定先用自来水将其冲洗冷却,再打开瓶盖;使用汞、汞盐、砷化物、氰化物等剧毒品时,要实行登记制度,取用时要特别小心,切勿泼洒在实验台面和地面上;用过的废物、废液切不可随意乱扔,应分别回收,集中处理;实验中的其他废物、废液也要按照环保的要求妥善处理。

(3)注意防火。实验室严禁吸烟。万一发生火灾,要保持镇静,立即切断电源或燃气源,并采取针对性的灭火措施;一般的小火用湿布、防火布或沙子覆盖燃烧物灭火;不溶于水的有机溶剂及能与水起反应的物质(如金属钠),一旦着火,绝不能用水浇,应用沙土盖压或用二氧化碳灭火器灭火;如果电器起火,不可用水冲,应当用四氯化碳灭火器灭火。情况紧急应立即报火警。常用灭火器及适用范围详见表1-3。

表1-3 常用灭火器及适用范围

类型	药液成分	适用范围
酸碱式	H_2SO_4、$NaHCO_3$	非油类及电器失火的一般火灾
泡沫式	$Al_2(SO_4)_3$、$NaHCO_3$	油类失火
二氧化碳	液体 CO_2	电器失火
四氯化碳	液体 CCl_4	电器失火
干粉	粉末主要成分为 Na_2CO_3 等盐类物质,加入适量润滑剂、防潮剂	油类、可燃气体、电器设备、文件记录和遇水燃烧等物品的初起火灾
1211	CF_2ClBr	油类、有机溶剂、高压电器设备、精密仪器等失火

(4)使用各种仪器时,要在教师讲解或自己仔细阅读并理解操作规程后,方可动手操作。实验室电器较多,要注意不能超负荷用电;电器设备要检查是否漏电,是否连接地线;严禁人员肢体与仪器带电部分直接接触,严禁用湿手接触电器插头。要严格执行仪器使用登记制度,做到有迹可循、责任到人。

(5)安全使用水、电。离开实验室时,应仔细检查水、电、气、门、窗是否关好。

(6)如发生烫伤和割伤应及时处理,严重者应立即送医治疗。

(7)高压气体钢瓶的正确使用要遵循以下几个方面。

①气瓶应专瓶专用,不能随意改装;各种气压表一般不得混用,实验完毕随手关闭气瓶阀门。

②气瓶搬运宜轻宜稳,防止剧烈振动,应放置在钢瓶柜(架)里或用专门的配件拴牢,且远离热源,易燃气体与明火距离不小于5m。

③开启气门时应站在气压表的一侧,严禁将头或身体对准气瓶总阀,以防阀门或气压表冲出伤人。

④气瓶内气体不可用尽,应按规定留 0.05MPa 以上的残余压力。例如氢气应保留 2MPa 残余压力,可燃气体应保留 0.2~0.3MPa 残余压力,以防止重新充气时发生危险。

⑤乙炔极易燃烧和爆炸,乙炔气瓶应放在通风良好的地方。如果发现乙炔气瓶有发热现象,说明乙炔发生分解,应立即关闭气阀,并用水冷却瓶体,将气瓶移至安全处妥善处理(此操作由实验员或教师完成);发生乙炔燃烧时,用干粉灭火器灭火,禁止用四氯化碳灭火器灭火。

高压气体钢瓶的种类可根据其颜色加以辨认(表1-4)。

表1-4　不同高压气体钢瓶的辨认特征

气体名称	瓶体颜色	字样	字样颜色
氧气	天蓝	氧	黑
氮气	黑	氮	黄
氢气	深绿	氢	红
乙炔	白	乙炔	红
二氧化碳	黑	二氧化碳	黄
压缩空气	黑	压缩空气	白
硫化氢	白	硫化氢	红
二氧化硫	黑	二氧化硫	白
石油气	灰	石油气体	红
氩气	灰	纯氩	绿

第四节　实验数据记录和处理

在实验过程中,会有各种各样的参数和实验数据需要记录。虽然现在仪器的自动化程度较高,很多仪器也有十分方便、快捷的处理平台,但掌握数据记录和处理的方法对每个仪器分析工作者来说都是一项基本技能,也对更好地使用分析仪器、获取更准确和深入的分析测试结果起到重要的作用。

一、实验数据的记录

在实验中,应本着实事求是、严谨的科学态度,认真并及时准确地记录各种测量数据,养成良好的数据记录习惯,使用固定的实验记录本,不要过分依赖计算机的记录。切忌拼凑或伪造实验数据。在记录时要注意以下几点。

(1)应首先记录实验名称、实验日期、气候条件(温度、湿度等)、仪器型号、仪器参数、测试条件等。

(2)测量数据时,应根据实验要求、仪器精度正确处理有效数字的位数。数据的记录不仅要反映数值的大小,更要反映方法的准确度和精密度。

(3)要真实、全面地记录数据,不要漏记。实验完毕后,将完整的实验数据记录交给实验指导教师检查并签字。

二、实验数据的处理

实验数据的表达方式有不同种类,主要分为以下 4 类。

(1)列表法:直接将实验数据整理列入表格,是最基本的数据整理方法,具有简单明了、便于比较的特点,也是其他处理方法的基础。

(2)图解法:将实验数据各变量之间的变化规律描绘在一定的坐标系中,绘制成图,可以直观地观察到极值、转折点、周期性、变化速度等有关变量的变化特征,便于分析研究。这种方法现在一般都是通过计算机相关处理软件进行。

(3)数学模型:通常实验数据之间的变化符合一定规律,为了更好地对各变量之间的变化规律进行描述,可以利用各种数学运算方法,如微分、积分、极值、周期、插值、平滑等进行数据预处理,并采用拟合或回归分析的手段求出回归方程来表达实验数据的内在变化规律。从相关变量中找出合适的数学方程式的过程称为回归,也称为拟合,得到的数学方程式也称为回归方程,并同时可以通过相关系数或方差分析进行数据相关性分析。

在绝大多数仪器分析校正方法中最常用的是标准曲线法,即一元线性回归,基本数学形式为 $y=ax+b$,只在少数情况可能会用到抛物线或多项式数学校正模型;另外,在 X 射线荧光光谱分析中,当涉及复杂基体效应校正时,可能会用到较为复杂的多变量数学模型和矩阵迭代运算。

此外,数据的处理远不止上述内容。数据本身因为误差客观存在,且无法避免,所以不可避免地要对实验数据进行统计处理。在仪器分析实验中一般涉及的处理包括平均值、标准偏差、变异系数、可疑值的取舍等。这些在相关教材中都有相应的介绍。

(4)数据处理软件:传统数据处理过程是通过手工计算、绘图等进行,但随着计算机的广泛应用,功能日益丰富的应用软件不断涌现,对实验数据可以方便、及时地快速处理,甚至进行手工计算较难完成的复杂数学处理,如傅里叶变换、拉普拉斯变换等。目前,最常用的几种数据处理软件为 Excel、Origin、MATLAB、SPSS、Python 等运算处理、统计分析或编程软件,它们可以非常方便、快捷地处理规模大小不等的实验数据,并快速实现数据可视化。其中,Excel、Origin 等电子表格运算软件非常适合即时数据处理,通过简单 VBA 编程也可进行较大规模的数据自动化处理;MATLAB、Python 等则可以通过脚本程序编写实现大规模数据的复杂数学处理和分析。

另外,本教材中相关实验涉及的元素分析线、常用显影液和定影液配方、pH 标准缓冲溶液的组成和性质、中国建立的 7 种 pH 基准缓冲溶液的 pH_s 值、不同温度下甘汞电极的电极电势(mV,vs. SHE)、不同温度下 Ag/AgCl 电极的电极电势(mV,vs. SHE)、极谱半波电位表(25℃)、KCl 溶液的电导率、无限稀溶液的离子摩尔电导率(25℃)、元素的相对原子质量(A_r)表(IUPAC 2011 年)10 项内容详见"附录"中附录一至附录十。

第二章 原子发射光谱法

实验一 乳剂特性曲线制作

一、实验目的

(1) 了解与掌握利用固定曝光时间改变光强度绘制乳剂特性曲线的方法。
(2) 通过乳剂特性曲线了解感光板的性质及其对光谱分析的意义和作用。

二、方法原理

1. 阶梯减光板法

在狭缝照明严格均匀的条件下,将九阶梯减光板安插在摄谱仪狭缝的前面,以铁电极小电流(5A 左右)起弧,在感光板上摄取一系列黑度不同的光谱像。如欲得到一条完整曲线,要仔细地做出曝光不足和曝光过度部分,还需要用下面所介绍两种方法中的一种。

方法一:用不同的曝光时间摄谱数条(如 5s、15s、30s、…),在所得各条光谱中均选用同一波长的谱线,测量其黑度 S,以 S 与相对应的阶梯透过率的对数 $\lg I$ 做出各自的乳剂特性曲线。

方法二:在一条光谱中,在反衬度不变的范围内,选用数条波长不同且具有不同强度的谱线,测量其黑度,以 S 与相对应的 $\lg I$ 做出各自的乳剂特性曲线。

由上述两种方式做出的数条曲线中,均可各自选取较好的线作为基本线,然后确定其余曲线上每点至基本线平行移动的距离。这种确定移动距离的方法可以将个别点的误差加以平均。

当得到某一曲线应该移动的平均值后,可将曲线上全部的点移到基本线上,这样就可能将曝光过度和曝光不足的部分绘出,从而得到一条完整的乳剂特性曲线。

2. 以铁谱线为强度标法

铁光谱在各个部分都很丰富,且可以找到满足下列条件的谱线组。

第一组:

λ/nm	315.32	315.78	315.70	316.06	320.53	320.04	322.20	322.57
$\lg I$	1.10	1.17	1.30	1.36	1.60	1.68	2.05	2.16

第二组:

λ/nm	316.39	316.89	316.50	316.59	316.64	317.54	318.02	319.69
$\lg I$	0.28	0.49	0.62	0.83	1.00	1.30	1.56	1.80

在铁光谱中可以选取数目较多且具有不同强度的谱线组,这些强度可在较宽范围内变化。当放电条件变化时,这些谱线的相对强度不改变(这些谱线强度事先准确测量过)。可以找到波长尽量相近的数条谱线,使这一波长范围内感光板性质的改变不致引起很大的误差。因此,可以用铁的谱线组作为强度标来制作乳剂特性曲线,下面介绍在交流弧光中适合作为强度标的两组铁谱线,以供工作时参考使用。

三、仪器设备与试剂材料

仪器设备与试剂材料:摄谱仪(1m平面光栅摄谱仪或中型棱镜摄谱仪)、测微光度计、光谱投影仪、感光板(紫外Ⅰ型、紫外Ⅱ型)、碳电极或石墨电极、铁电极、显影液、定影液。

四、实验步骤

1. 摄谱

在暗室中将紫外_____型、规格为 9cm×12cm 或 9cm×9cm 的感光板装于摄谱仪暗盒中,将铁电极置于电极架上,检查下列工作条件,符合要求时即可摄谱。

光谱仪型号:_____型。

中心波长:_____ nm。

光栅转角:_____°。

狭缝调焦:_____ mm。

狭缝倾角:_____°。

狭缝宽度:_____ μm。

减光板位置:九阶梯减光板置于狭缝前面。

照明:三透镜照明,中间光栏_____ mm。

电源:交流电弧,电源电压 220V。

电流强度:_____ A。

曝光时间:第一条_____ s,第二条_____ s,第三条_____ s,第四条_____ s。

曝光板移动:如采用九阶梯减光板摄谱时每次曝光移 10mm,如用哈特曼光阑则每次曝光板移 1mm。

2. 暗室处理

显影:A、B显影液,用时按体积比 1∶1 混合。

显影温度:_____ ℃。

显影时间:_____ min_____ s。

定影效果:定影至感光板完全透明为止。

水洗:将已定影好的感光板置于流水下冲洗 5~10min,晾干备用。

3. 测光与数据处理

测微光度计型号:_____型。

标尺:_____。

测量狭缝:宽度_____ mm,高度_____ mm。

在阶梯减光板法的方法一中,可在几组曝光时间不同的光谱系列中选取同一波长的谱线,按阶梯顺序测量其黑度值,然后以谱线黑度 S 为纵坐标、以与 S 对应的阶梯透过率的对数 $\lg I$ 为横坐标绘制各组的特性曲线,在数条曲线中选一条(一般选取曝光正常部位的)作为基本线,其余各条线上的点按曲线间的平均距离平行移动到基本线上,做出一条完整的乳剂特性曲线。

如用阶梯减光板法的方法二时,可选用某一曝光时间下所摄的一条光谱,从中选取一组强度不同的谱线(一般为3～5条)。这些线的波长最好要相近,避免衬度变化时影响谱线黑度。按阶梯顺序测量谱线黑度值,以黑度 S 为纵坐标、以与此对应的阶梯透过率的对数 $\lg I$ 为横坐标作图,然后将所得各条曲线平移到基本线上。

在以铁谱线为强度标法,在前面介绍的两组铁谱线所摄得的光谱中任选一组作为强度标,测量各谱线黑度值,以 S 为纵坐标、以对应该谱线的 $\lg I$ 值为横坐标制作乳剂特性曲线,以其中一条作为基本线,亦采用平移法将其余各线上的点移动到基本线上,从而绘制成一条完整的乳剂特性曲线。

五、数据处理

1.阶梯减光板法数据记录表(表2-1、表2-2)

方法一:测量谱线波长_____ nm。

表2-1 阶梯减光板法(方法一)数据记录表

曝光时间/s	黑度								
	S_1	S_2	S_3	S_4	S_5	S_6	S_7	S_8	S_9

方法二:曝光时间_____ s。

表2-2　阶梯减光板法(方法二)数据记录表

波长/nm	黑度								
	S_1	S_2	S_3	S_4	S_5	S_6	S_7	S_8	S_9

2. 以铁谱线为强度标法数据记录表(表2-3)

曝光时间_____ s。

表2-3　以铁谱线为强度标法数据记录表

波长/nm	黑度					$\lg I$
	数据一	数据二	数据三	数据四	数据五	

六、问题讨论

(1) 什么是乳剂特性曲线的惰延量、展度、反衬度？它们说明了感光板的哪些性质？

(2) 计算绘制的乳剂特性曲线的反衬度值,并说明感光板反衬度受哪些实验条件影响。

实验二 多种元素蒸发曲线的制作

一、实验目的

(1)通过实验掌握蒸发曲线的制作方法。
(2)了解物质的蒸发行为与实验条件的关系。
(3)利用蒸发曲线选择理想的工作条件。

二、方法原理

1. 电极孔穴中元素的蒸发特性

电极孔穴中的试样在起弧以后很快呈熔融状态,试样中各种物质将按照熔点和沸点依次蒸发而进入放电隙。在高温下,有些物质并不形成液态,而是直接升华;也有些物质在未达到其沸点时便分解、氧化、还原或复合转化为另一种状态,并按新生成物质的沸点高低依次蒸发。因此,试样物质在电极中的蒸发过程是极其复杂的。

各元素按其不同蒸发特性顺序进入放电隙的现象称为分馏效应。在实际工作中,常常利用元素的分馏效应来降低被测元素的检出限和提高分析的准确度。在分析易挥发元素时,可以利用分馏效应,采取分段曝光的办法,降低光谱背景,避免基体元素对被测元素光谱强度的影响和谱线之间的干扰,并创造有利于被测元素的激发条件。在分析难挥发元素时,可采用预燃的办法,先将基体元素蒸发,然后再曝光,也能达到上述目的。这是电弧光源电极孔穴法光谱分析的最大特点。但是,分馏效应有时也会给分析工作带来困难。例如分馏效应的产生引起弧焰中蒸气成分及含量的不断改变,导致弧焰温度及元素谱线强度的急剧变化,从而影响了摄谱的再现性。为此可选用小而浅的电极孔穴,或在试样中加入适量的碳粉,阻止熔珠的形成,以减弱或消除元素的分馏效应。

蒸发速度与试样成分、装入量和电极温度有关。电极温度则由电流强度、电极形状以及电弧周围的气氛决定。

试样在电极孔穴中蒸发时,产生热扩散和发生化合物的分解、氧化、还原、复合等反应。这些过程影响元素进入放电隙的速度和碳化物的形成,能使某些易挥发的化合物变成难挥发的金属或化合物。

为了加速被测元素的蒸发,可在试样中加入有关物质参与电极中的化学反应,以期产生相应的易挥发物质。

2. 电极孔穴中元素的蒸发顺序

各元素从电极孔穴中蒸发出的过程是相当复杂的。特别是岩石、矿物和土壤等地质相关的样品,由于组分的变化、元素结合状态的差异及弧焰条件的不同,元素从电极孔穴中蒸发的顺序将受到很大的影响。

下面介绍几种盐类、氧化物、硫化物和金属元素在某些特定条件下的蒸发顺序。

(1)金属:Hg,As,Cd,Zn,Te,Sb,Bi,Pb,Tl,Mn,Ag,Cu,Sn,Au,In,Ca,Ge,Fe,Ni,Co,V,Cr,Ti,Pt,U,Zr,Hf,Nb,Th,Mo,Re,Ta,W,B。

(2)贵金属:Ag,Au,Pd,Pt,Ru,Ir,Os。

(3)氧化物(以元素表示):[Hg,As,Cd,Re*,Zn,Bi,Sb,B*,Pb,Tl,Mo*,Sn,W*,In,Ga,Ge],[Mn,Mg,Cu],[Fe,Co,Ni,Ba,Sr,Ca,Si,Cr,Al,V,Be,Ti,U],[Sc,Mo*,Re*,Zr,Hf,Th,Nb,Ta,W*,B*]。标有*号者表示该元素氧化物易被还原成金属或生成碳化物而使蒸发行为改变。

(4)碳酸盐:[(Cd,Zn,Bi,Sn,Pb,Na),(Mn,Mg,Cu)],[(Fe,Co,Ni),Ca,Al,Cr,(La,Y,Th,Zr)]。

3. 实验方法提要

将含有多种元素某一含量的标准试样置于电极孔槽中,在预先确定的实验条件下将其蒸发并激发,以相等的时间间隔移动感光板,摄取该试样在不同时间内一系列的光谱像(直至试样烧完为止);然后测量各元素1~2条分析线的黑度S,以S为纵坐标、以相等的时间间隔为横坐标绘制物质的蒸发曲线。

三、仪器设备与试剂材料

仪器设备与试剂材料:摄谱仪(1m平面光栅摄谱仪或中型棱镜摄谱仪)、测微光度计、光谱投影仪、感光板(紫外Ⅰ型或紫外Ⅱ型)、光谱纯石墨电极或碳电极、显影液、定影液、含有多种元素的标准试样。

四、实验步骤

1. 装填试样

将含有多种元素的标准(可取0.01%或0.03%)试样,装入预先车制好的石墨(或碳)电极孔穴内,同一含量的试样用同一种规格的电极装两份,装满、压紧、磨平,然后加一滴糖水溶液烘干备用。

下电极规格:直径_____mm,孔深_____mm,壁厚_____mm。

上电极:尖端呈圆锥形。

2. 摄谱

在暗室中将9cm×12cm规格的天津感光板厂出品的紫外Ⅰ型(或紫外Ⅱ型)相板装入摄谱仪暗盒中,置于摄谱仪上,检查下列工作条件,符合后即可摄谱。

摄谱仪型号:_____型。

中心波长:_____nm。

光栅转角:_____°。

狭缝调焦:_____mm。

狭缝倾角:_____°。

狭缝宽度:_____μm。

截取高度：_____ mm。

照明：三透镜照明，中间光栏_____ mm。

电源：交流电弧，电源电压220V。

电流强度与曝光时间：第一个试样，电流_____ A，燃弧开始计时，每隔_____ s板移一格直至试样烧完为止（判断试样是否烧完的标志是看弧光是否呈现明亮的紫色、电流是否急剧下降，如出现上述情况表明试样已烧完）；第二个试样，电流_____ A，燃弧开始计时，同样以每隔_____ s板移一格直至试样烧完为止。

3. 暗室处理

显影：A、B显影液，用时按体积比1：1混合。

显影温度：_____ ℃。

显影时间：_____ min _____ s。

定影：定影至透明为止。

五、数据处理

测微光度计型号_____型；标尺_____；测量狭缝宽度_____ mm；截取高度_____ mm。

首先在光谱投影仪上找出下列各元素谱线波长位置，并做好记号以便初学者便于查找。

Pb 283.31nm Ni 305.08nm Be 234.86nm Ba 233.53nm As 234.93nm

在测微光度计上分别测量各元素谱线黑度，并记录在表内（表2-4），以黑度S为纵坐标、以时间间隔t为横坐标描绘各元素在电弧中的蒸发行为。

表2-4 各元素谱线黑度S数据处理表

电流强度_____ A

元素	波长/nm	t										
		$t_1=$__s	$t_2=$__s	$t_3=$__s	$t_4=$__s	$t_5=$__s	$t_6=$__s	$t_7=$__s	$t_8=$__s	$t_9=$__s	$t_{10}=$__s	$t_{11}=$__s

六、问题讨论

(1) 从所绘制的蒸发曲线中判断哪些元素较易挥发？哪些元素较难挥发？

(2) 进行上述元素的单项测定或多种元素同时测定时，如何选取曝光时间和电流强度，以提高分析的灵敏度和分析速度？

(3) 仔细比较同一试样，当实验条件不同时，各元素蒸发情况有无变化？

实验三 岩石矿物的光谱半定量分析（垂直电极法）

一、实验目的

(1) 掌握光谱半定量分析的方法。
(2) 了解半定量全分析中采用分段曝光、逐步加电流、减少背景、提高检出限能力等分析技术。

二、方法原理

1. 原理概述

半定量是指分析的允许误差放得较宽的一种简易、快速的分析方法。通常规定两次分析结果 A、B 之间的误差不大于 66% 为合格，即 $2|A-B| \times 100\%/(A+B) \leqslant 66\%$；或者经标准样品或化学分析的准确定量分析数据 A 和半定量分析数据 B 之间的误差不大于 66%，$|A-B| \times 100\%/A \leqslant 66\%$，为合格。在实际分析中平行对检应有 90% 以上的误差不大于 40%，其实质是一种近似定量。从常量分析观点看，上述误差似乎很宽，但要达到半定量分析的误差要求也并不容易，应对工作人员进行扎实的基础训练。

光谱半定量分析主要应用于以下 3 类工作中。

(1) 进行金属测量、区域地质调查等地球化学找矿或填图。例如寻找原生或次生的分散晕和分散流。

(2) 确定地层剖面对比样。通过元素在不同地层中出现的差别及含量变化来划分剖面并进行比较。

(3) 从事矿产普查或详查。了解样品的含矿性，确定有益与有害的伴生元素，剔除低于品位要求的样品，为进一步定量分析方法的选择提供依据。

为了全面地满足各类地质工作的要求，除了要确保一定的精密度和准确度外，分析的检出限应低于或接近于地壳或地区的平均丰度，这样才能保持 90% 以上的报出率。地球化学与地层对比样品，还要求具较小的识别率（指对含量相近的谱线黑度能加以分辨的能力，用 R 表示），即 $R = \Delta c \times 100\%/c \leqslant 20\%$（$c$ 是样品的元素含量，Δc 是两个样品含量差的绝对值）。

由此可见，只有能满足上述要求的分析项目才能在地质工作中发挥作用。因此，要做好光谱半定量分析工作，必须从以下几个方面做出努力。

(1) 要配制一套与待测样品在基体的物理、化学性质上尽可能接近的分析标准样品。
(2) 要敏锐地观察谱线黑度的微小变化，掌握谱线黑度与含量之间的关系。
(3) 力求掌握基体组分变化对黑度的影响。
(4) 每个元素要选择一组检出限各异而又互相衔接的谱线，以适应各个含量范围的分析需要。

(5)熟悉谱线的波长位置、轮廓,并利用轮廓来校正含量的变化,此外还应了解这些常用谱线可能受到的干扰。

可见,光谱半定量分析结果的优劣与经验的积累有很大关系,有些方面很难用文字表达,只有通过大量实践,并不断用定量分析或标准数据校正译谱的误差才能报出可靠的数据。

2. 实验方法提要

进行光谱半定量分析是基于在一定条件下谱线的黑度与含量成正相关关系,将分析试样与一系列不同含量的标准样品,在相同的实验条件下摄在同一感光板上,以分析试样中待测元素的灵敏线与标准系列中该元素同一条波长的谱线并比较其黑度,而定出待测元素的含量。

三、仪器设备与试剂材料

仪器设备与试剂材料:摄谱仪(1m平面光栅摄谱仪或中型棱镜摄谱仪)、光谱投影仪、感光板(紫外Ⅱ型或紫外Ⅲ型)、光谱纯石墨电极或碳电极、光谱全分析或简项分析标准一套(范围可在0.001%~1%之间)、分析试样若干、显影液、定影液。

四、实验步骤

1. 装填试样

将分析试样按矿样袋上的编码顺序编写在分析报告单上,然后依此号码在预先制备好的电极小孔内装填试样,并同时装好一套标准试样,标准试样系列为:0.001%、0.003%、0.01%、0.03%、0.1%、0.3%、1%,或0.001%、0.002 5%、0.005%、0.01%、0.025%、0.05%、0.1%、0.25%、0.5%、1%。

上电极为圆形。下电极:直径_____ mm,孔深_____ mm,壁厚_____ mm。要求电极必须清洁,规格要一致,试样要装满,压紧磨平。为防止打弧时喷溅,可加一滴质量分数10%的糖水溶液烘干备用。

2. 摄谱

在暗室中装好紫外Ⅱ型或紫外Ⅲ型感光板一块(规格可为9cm×12cm或9cm×16cm),将暗盒置于摄谱仪上检查工作条件,符合条件后即可开始摄谱。

摄谱仪型号:_____型。

中心波长:_____ nm。

光栅转角:_____°。

狭缝调焦:_____ mm。

狭缝倾角:_____°。

狭缝宽度:_____ μm。

截取高度:_____ mm。

照明:三透镜照明,中间光栏_____ mm。

电源:交流电弧,电源电压220V。

(1)岩石、矿石的半定量全分析:将样品装入直径与深度均为2.5～3mm、壁厚0.5mm的电极孔穴中,利用分馏效应分两段或三段曝光。第一段8～10A,曝光0～30s,以易挥发及部分中等挥发元素为主;第二段12～15A,曝光约40s(电极孔径大小不同时根据实验现象调整),以中等挥发元素为主;第三段18～20A,曝光70s或90s后一直到样品烧完为止,以难挥发元素为主。具体曝光时间可视所采用的电极孔穴不同而定。

有时为了加强分馏效应,采用较深的6mm孔穴,底层垫4～5mg的硫磺(质量分数20%)与碳粉(质量分数80%)作为载体,装样20mg,上部空出约2mm,压实,滴水烘干,依次摄取不同挥发性元素的光谱。第一段5A起弧升至8～10A,曝光30s;第二段升至14～15A,曝光40～50s;第三段18～20A为曝光70～80s以后一直到样品烧完为止。

(2)化探样品的半定量分析:大批的化探样品一般基体成分比较一致,为提高工作效率常采用大电流小孔穴(Φ2.5mm×2.5mm)的电极。根据要分析元素的性质,摄一条或两条光谱,第一段8A起弧10s后增至10～12A,共曝光15s,移板后电流增至20A曝光到样品烧完为止。

3.暗室处理

显影:A、B显影液,用时按照体积比1:1混合。

显影温度:_____℃。

显影时间:_____min_____s。

定影:定影至感光板完全透明为止。

水洗:将定影好的感光板置于流水下冲洗5～10min,晾干备用。

4.译谱

(1)首先熟悉铁光谱图谱,要求记下230～340nm范围内各大波段特征铁谱线组。

(2)利用铁光谱标准图,找出下列各元素谱线在感光板的位置,并与标准系列进行黑度比较,得出待测试样含量,记录在分析报告单上。

Pb	283.31nm	287.30nm	
Cu	327.40nm	282.40nm	
Ni	305.08nm	299.26nm	
Cr	301.52nm	301.48nm	267.73nm
Be	234.86nm		
Ba	233.53nm		

五、数据处理(表 2-5)

表 2-5 光谱半定量送样及元素含量分析报告单

送样数_____ 矿区_____ 样品名称_____ 单位:%

试样号	化验号	元素						备注
		Pb	Cu	Ni	Cr	Be	Ba	

分析人员_____ 报告日期_____

六、问题讨论

(1)垂直电极法为什么是当前通用的半定量方法?其优点是什么?

(2)为什么在多种元素同时测定时,经常采用全激发分段曝光摄谱?如何确定分段的曝光时间和电流强度?

(3)在光谱半定量分析时,对分析线的选择有哪些要求?

实验四 锡的光谱定量分析(三标准试样法)

一、实验目的

了解三标准试样法的原理及分析方法。

二、方法原理

三标准试样法是内标法中的一种具体分析方法,其原理公式为:

$$\Delta S = \gamma b \lg c + \gamma \lg A \tag{2-1}$$

$$\Delta S = S_{分} - S_{内} \tag{2-2}$$

式中:ΔS 为黑度差;γ 为对比度或反衬度;b 为自吸系数;c 为待测元素含量;A 为常数;$S_{分}$ 为分析线黑度;$S_{内}$ 为标线黑度。

在测定矿样中锡时,以硫酸钾为缓冲剂,以锑为内标。试样和标准均与一定量的缓冲剂混匀,以交流电弧激发,将标准与试样在相同的实验条件下,摄在同一块感光板上,然后以黑度差 ΔS 为纵坐标、以元素含量的对数 $\lg c$(标准系列的含量是已知的)为横坐标绘制工作曲线,测得待测试样分析线对 ΔS 值,待测试样的含量可在工作曲线上查出。为了保证方法的准确性,在每块感光板上标准试样的数量不应少于 3 个。

三、仪器设备与试剂材料

仪器设备与试剂材料:摄谱仪(1m 平面光栅摄谱仪或中型棱镜摄谱仪)、测微光度计、光谱投影仪、感光板(紫外Ⅰ型)、光谱纯石墨电极或碳电极、硫酸钾、氧化钾(G.R.)、锡标样一套、含锡试样若干、显影液、定影液。

四、实验步骤

1. 缓冲剂的制备

使用硫酸钾缓冲剂,该缓冲剂内含质量分数 2% 氧化锑(作为内标)。

2. 试样处理

将试样与缓冲剂以质量比 1∶1 的比例称好后于玛瑙研钵中混匀,然后装入预先制备好的电极中,电极规格如下。

上电极:圆锥形,顶端不要太尖。

下电极:直径_____ mm,孔深_____ mm,壁厚_____ mm。

3. 摄谱

在暗室装好一块紫外Ⅰ型感光板于暗盒中,然后置于摄谱仪上,检查下列工作条件,符合后可打开暗盒挡板摄谱。

摄谱仪型号:_____型。

中心波长:_____ nm。

光栅转角:_____°。

狭缝调焦:_____ mm。

狭缝倾角:_____°。

狭缝宽度:_____ μm。

截取高度:_____ mm。

照明:三透镜照明,中间光栏_____ mm。

电源:交流电弧,电源电压 220V。

电流强度:_____ A。

曝光时间:_____ s。

4. 暗室处理

显影:A、B 显影液,用时按体积比 1∶1 混合。

显影温度:_____ ℃。

显影时间:_____ min_____ s。

定影:定影至感光板完全透明为止。
水洗:将定影好的感光板置于流水下冲洗 5~10min,晾干备用。

5.测光

测微光度计型号:_____型。

标尺:_____。

测量狭缝宽度:_____ mm。

截取高度:_____ mm。

分析线对及测定范围:Sn 303.412nm/Sb 302.981nm,Sn 0.01%~0.2%。

五、数据处理

测量标准试样中分析线对的黑度差,以 3 份结果的平均值 $\overline{\Delta S}$ 为纵坐标,以标准试样含量的对数 $\lg c$ 为横坐标绘制工作曲线,只要得到待测试样 ΔS 后,其含量可在工作曲线上查出,相关数据记录如表 2-6 所示。

表 2-6 光谱定量分析原始记录单

批号_____ 队名_____ 分析项目_____ 谱板号码_____

化验编号	冲稀比例	分析结果								备注
		分析线 $S_分$	内标线 $S_内$	ΔS	$\overline{\Delta S}$	$\lg c$	含量/%	检查结果/%	平均结果/%	

六、问题讨论

从所做的锡定量分析方法中,体会内标法有什么优点?

实验五　合金钢中锰、钒、硅的光谱定量分析

一、实验目的

了解熟悉合金分析的原理及方法。

二、方法原理

在 WPG-100 型平面光栅摄谱仪上,以低压电流电弧为光源小电流激发低合金钢试样,测定其中的杂质锰(Mn)、钒(V)、硅(Si)。以基体铁(Fe)为内标,分析线对为：Mn 293.31nm/Fe 292.66nm,V 311.07nm/Fe 311.66nm,Si 250.69nm/Fe 250.76nm。

分析范围为：Mn 0.23%～1.30%,V 0.07%～0.37%,Si 0.13%～0.45%。

三、仪器设备与试剂材料

仪器设备与试剂材料：摄谱仪(WPG-100 型平面光栅摄谱仪)、测微光度计、光谱投影仪、感光板(紫外I型)、光谱纯石墨电极、低合金钢标样一套、显影液、定影液、无水乙醇(A.R.)及脱脂棉若干。

四、实验步骤

1. 标样与试样的加工

分析前首先将标样及试样在砂轮上磨平,然后用细砂纸打磨平滑,再用脱脂棉球沾无水乙醇擦净表面备用。

2. 电极形状

上电极为纯石墨电极,直径 6mm,顶端为半圆形,尖端磨平 2mm 平面。下电极为块状合金试样。

3. 摄谱

在暗室装好一块紫外 I 型感光板于暗盒中,然后置于摄谱仪上,检查下列工作条件,符合后可打开暗盒挡板摄谱。

　　摄谱仪型号：_____型。
　　中心波长：_____nm。
　　光栅转角：_____°。
　　狭缝调焦：_____mm。
　　狭缝倾角：_____°。
　　狭缝宽度：_____μm。
　　截取高度：_____mm。

照明:三透镜照明,中间光栏_____mm。
电源:交流电弧,电源电压 220V。
电流强度:_____A。
预燃时间:_____s。
曝光时间:_____s。

4. 暗室处理

显影:A、B 显影液,用时按体积比 1∶1 混合。
显影温度:_____℃。
显影时间:_____min_____s。
定影:定影至感光板完全透明为止。
水洗:将定影好的感光板置于流水下冲洗 5~10min,晾干备用。

五、数据处理

测量标准试样中分析线对的黑度差,以 5 份结果的平均值 $\overline{\Delta S}$ 为纵坐标、以标准试样含量的对数 $\lg c$ 为横坐标绘制工作曲线,将待测试样测得的 $\overline{\Delta S}$ 在工作曲线上查出相对应的含量结果。

六、问题讨论

在测定低合金钢中 Mn、V、Si 时,为什么可选用基体铁(Fe)作为内标?

实验六 电感耦合等离子体发射光谱法测定水样中铬、钴、镍、铜、锌等元素

一、实验目的

(1)了解电感耦合等离子体发射光谱法(ICP-AES)工作的基本原理和特点。
(2)了解电感耦合等离子体发射光谱法(ICP-AES)的仪器结构。
(3)掌握多元素同时测定的试验方法及操作。

二、方法原理

ICP-AES 工作原理是:样品由载气(氩气)带入雾化系统进行雾化后,以气溶胶形式进入等离子体,在高温和惰性气氛中被充分干燥、蒸发、原子化,基态电子在高温下激发,跃迁至高能态(激发态),处于激发态的原子不稳定,电子自发回到低能态(基态),并发射出特征辐射,特征辐射进入仪器光学系统经过分光后,到达检测器从而被检测。根据特征辐射的波长进行定性分析;根据特征辐射峰面积或峰高测量计数强度与物质的含量成正比关系,进行样品的定量分析。目前,ICP 光源可用于分析元素周期表中绝大多数元素(70多种),检出限

可达 $10^{-3} \sim 10^{-4}$ ng/g 级，精密度在 1% 左右，并可对百分之几十的高含量元素进行测定。

三、仪器设备与试剂材料

1. 仪器

使用美国 PerkinElmer 公司 Optima 5300DV 型 ICP-AES 光谱仪，主要工作参数如下。
等离子体气流量：15L/min。
辅助气流量：0.2L/min。
雾化气流量：0.8L/min。
高频发生器功率：1300W。
进样流量：1.5mL/min。

2. 试剂

(1) 混合标准储备液：为含 Cr、Co、Ni、Cu、Zn 等元素（10μg/mL）的混合标准储备液，以体积分数 5% HNO_3 为介质。

(2) 不同浓度 HNO_3：优级纯。

(3) 其他试剂：二次亚沸蒸馏水。

四、实验步骤

1. 混合标准系列溶液的配制

分别移取 0.2mL、0.4mL、0.8mL、1.0mL 混合标准储备液（10μg/mL）于 10mL 比色管中，用体积分数 2% HNO_3 定容，摇匀，得到 0.2μg/mL、0.4μg/mL、0.8μg/mL、1.0μg/mL 的混合标准系列溶液。其中，体积分数 2% 的 HNO_3 介质作为样品空白。

2. 水样的配制

移取水样 2mL 于 10mL 的比色管中，用体积分数 2% HNO_3 定容。

3. 仪器操作

(1) 依次开启气阀、循环水机、空气压缩机，调整好进样系统。

(2) 打开仪器软件，点击 Plasma 图标，进入"Plasma control"对话框，点击"Plasma on"点燃等离子体。

(3) 根据要测定的各元素选择条件建立方法，按仪器的操作要求分析样品空白和混合标准系列溶液样品。

五、数据处理

(1) 记录标准系列和样品信号强度值，绘制标准曲线，计算样品中各元素的含量。

(2) 如有必要调整各元素扣背景位置设定，启动软件"重算"功能，重新计算结果。

(3) 报告测定结果。

六、问题讨论

(1) 为什么 ICP 光源能够提高光谱分析的灵敏度和准确度?
(2) 为什么有时需要调整扣背景位置?
(3) 电感耦合等离子体发射光谱分析法是否适合分析非金属元素?为什么?

实验七 电感耦合等离子体原子发射光谱法测定锌锭中铅的含量

一、实验目的

(1) 学习 ICP-AES 分析的基本原理及操作技术。
(2) 了解电感耦合离子体光源的工作原理。
(3) 学习利用 ICP-AES 测定铅锭中铅含量的方法。

二、方法原理

ICP 发射光谱分析是将试样在等离子体中激发,使待测元素发射出自身特有波长的光,经分光后测量其强度而进行的定量测定分析方法。ICP 具有高温、环状结构、惰性气氛、自吸现象小等特点,因而具有基体效应小、检出限低、线性范围宽等优点,是分析液体试样中金属元素含量的最佳激发光源。目前,此光源可用于分析元素周期表中绝大多数元素(70 多种),检出限可达 $10^{-3} \sim 10^{-4}$ ng/g 级,精密度在 1% 左右,并可对百分之几十的高含量元素进行测定。

锌锭中铅杂质的含量是铅锭质量评定的一项重要指标,锌基体对杂质元素无明显干扰,采用背景扣除基体法可以基本消除,从而对铅直接进行测定。各杂质元素含量相当低,元素之间的干扰也可忽略不计。

三、仪器设备与试剂材料

1. 仪器

使用美国 PerkinElmer 公司 Optima 5300DV 型 ICP-AES 光谱仪,主要工作参数如下。
等离子体气流量:15L/min。
辅助气流量:0.2L/min。
雾化气流量:0.8L/min。
高频发生器功率:1300W。
进样流量:1.5mL/min。
分析线波长:Pb 220.35nm。

2. 试剂

(1) 锌标准溶液(10mg/mL):准确称取 0.500 0g 高纯金属锌(≥99.99%),加入 20mL

(1+1)HNO₃* 使其溶解,待溶完后加热煮沸几分钟,冷却后移入 50mL 容量瓶中,用水稀释至刻度,摇匀。

(2)铅标准储备液(1000μg/mL):准确称取 0.100 0g 光谱纯金属铅于 100mL 烧杯中,加入 20mL(1+1)HNO₃,加热溶解,移入 100mL 容量瓶中,用水稀释至刻度,摇匀。

(3)铅标准工作液(50μg/mL):移取 5.00mL 铅标准储备液于 100mL 容量瓶中,用水稀释至刻度,摇匀。

(4)浓 HNO₃:优级纯。

(5)其他试剂:二次亚沸蒸馏水。

四、实验步骤

1. 配制标准溶液系列

分别取 1.0mL、2.0mL、5.0mL、10.0mL、25.0mL 铅标准工作液于 5 个 50mL 容量瓶中,然后用水稀释至刻度,摇匀,即得 1.0μg/mL、2.0μg/mL、5.0μg/mL、10.0μg/mL、25.0μg/mL 的标准溶液。

2. 样品预处理

准确称取 0.500 0g 样品于 150mL 烧杯中,加水约 10mL,再加入 10mL 浓 HNO₃,待剧烈反应完成后稍加热,使样品溶解完全,冷却,转入 50mL 容量瓶定容,待测。

3. 工作曲线的绘制

根据实验条件,按照仪器的使用方法,测量标准溶液系列中铅的发射光强度。

4. 测定光强度

在相同的条件下,测定高纯锌和锌锭样品中铅的光强度。

五、数据处理

(1)利用仪器控制软件计算功能,将铅的发射光强度对不同浓度进行线性回归,绘制标准曲线。

(2)打印高纯锌和样品中铅的结果,以高纯锌作为背景扣除计算锌锭样品中铅的含量。

(3)报告测定结果。

六、问题讨论

(1)ICP 光源放电中的通道带来哪些分析性能的改善?

(2)ICP-AES 光谱仪的轴向观测与径向观测各有哪些优势和不足?

(3)为什么计算样品中铅的含量时要以高纯锌作为背景扣除?

---

*(1+1)HNO₃ 为 HNO₃ 和水按照体积比 1:1 配制,即体积分数 50% HNO₃。

实验八　电感耦合等离子体原子发射光谱法测定矿泉水中微量元素

一、实验目的

(1)掌握 ICP-AES 分析的基本原理。
(2)学习 ICP 发射光谱仪的操作和分析方法。
(3)应用 ICP-AES 测定矿泉水中锶的含量。

二、方法原理

矿泉水中含有 Ca、Na、K、Mg、Zn、Fe、P、Sr 等多种微量元素,对人体的生长、发育及衰老等过程起着重要作用。通常这些微量元素含量很低,采用 ICP-AES 能快速准确测定。

含有 Sr 的矿泉水由载气(氩气)带入雾化系统雾化后,以气溶胶形式进入等离子体的轴向中心通道,在高温和惰性气氛中被充分干燥、蒸发、原子化、电离和激发,发射出所测元素 Sr 的特征谱线,根据特征谱线强度确定矿泉水中 Sr 的含量。

三、仪器设备与试剂材料

1. 仪器

使用美国 PerkinElmer 公司 Optima 5300DV 型 ICP-AES 光谱仪,主要工作参数如下。
等离子体气流量:15L/min。
辅助气流量:0.2L/min。
雾化气流量:0.8L/min。
高频发生器功率:1300W。
进样流量:1.5mL/min。

2. 试剂

(1)氩气:纯度 99.99%。
(2)水:去离子水。
(3)试样:市售瓶装矿泉水。
(4)锶标准储备液(1000μg/mL):准确称取 2.415 2g 硝酸锶($\geqslant$99.99%),溶解于体积分数 1%HNO_3 中并稀释至 1000mL,摇匀。
(5)锶标准工作液(10μg/mL):准确移取 10.00mL 1000μg/mL 锶标准储备液于 1000mL 的容量瓶中,用去离子水定容,摇匀。

四、实验步骤

1. 配制标准系列

分别移取 1.00mL、5.00mL、10.00mL、15.00mL、20.00mL 锶标准工作液于 100mL 的容量瓶中,用去离子水定容,系列浓度为 0.1μg/mL、0.5μg/mL、1.0μg/mL、1.5μg/mL、2.0μg/mL。

2. 仪器工作前的准备

开机、预热、点燃等离子体,待炬焰稳定,仪器即处于工作状态。

3. 样品测定

将配制的标准系列溶液及样品(矿泉水)引入炬管,测定。

五、数据处理

计算机绘制工作曲线,并计算待测物含量。

六、问题讨论

(1) 等离子体发射光谱与原子吸收光谱的主要区别是什么?
(2) 试述等离子体的轴向中心通道对等离子体发射光谱分析性能的重要意义。
(3) 比较 ICP-AES 光谱仪轴向观测与径向观测的特点。

实验九　电感耦合等离子体原子发射光谱法测定硫铁矿中的铁

一、实验目的

(1) 学习 ICP-AES 分析的基本原理及操作技术。
(2) 了解电感耦合离子体光源的工作原理。
(3) 学习利用 ICP-AES 精确测定硫铁矿石中铁含量的方法。

二、方法原理

通常硫铁矿中铁的质量分数在 30%～70%,精确测定铁的质量分数可快速准确地判断矿石的品位。硫铁矿样品分解通常采用王水直接加热溶解。

ICP-AES 发射光谱分析是将液体试样在等离子体中蒸发原子化并激发,使待测元素发射出特征波长的光,经分光或全谱测量其强度而进行的定量测定分析方法。ICP-AES 工作温度高,其样品原子化和激发能力很强,载气动力学和等离子体放电电子趋肤效应形成的环状结构使之具有基体效应小、检出限低、线性范围宽、无自吸等优点,是分析液体试样的理想光源。目前,此光源可用于分析周期表中绝大多数元素(70 多种),检出限可达 10^{-3}～10^{-4}ng/g 级,精密度在 1%左右,并可对百分之几十的高含量元素进行测定。

硫铁矿纯矿石分解直接用王水溶解。如果含杂质较高,则要考虑辅以高氯酸溶样。

三、仪器设备与试剂材料

1. 仪器

使用美国 PerkinElmer 公司 Optima 5300DV 型 ICP-AES 光谱仪,主要工作参数如下。

等离子体气流量:15L/min。

辅助气流量:0.2L/min。

雾化气流量:0.8L/min。

高频发生器功率:1300W。

进样流量:1.5mL/min。

背景扣除:以实际硫铁矿样品光谱轮廓为基础设定扣背景点。

2. 试剂

(1)铁标准储备液(5mg/mL):准确称取 0.500 0g 铁粉(纯度不低于 99.99%,于 105℃烘干 2h),置于烧杯中,加入 10mL(1+1)HCl(体积分数 50%HCl),在低温电热板上加热至溶解。取 100mL 容量瓶,将冷却的铁溶液转移入容量瓶中,用水冲洗杯壁多次,溶液移入容量瓶中,用水稀释至刻度,摇匀,备用。

(2)不同浓度 HCl:优级纯。

(3)不同浓度 HNO_3:优级纯。

(4)其他试剂:二次亚沸蒸馏水。

四、实验步骤

1. 配制标准溶液系列

分别取 6mL、10mL、14mL 铁标准储备液至 100mL 容量瓶,加入 20mL(1+1)王水*,用水稀释至刻度,摇匀,配制成 300μg/mL、500μg/mL、700μg/mL 的系列标准溶液。

2. 样品预处理

准确称取 0.100 0g 样品于 100mL 烧杯中,加 20mL(1+1)王水,在水浴中加热(约98℃),分解 2h;冷却后,将溶液转移到 100mL 容量瓶中,用少量(1+9)王水清洗烧杯 3~4 次并转入容量瓶,定容至刻度,摇匀,待测。

3. 工作曲线的绘制

根据实验条件,按照仪器的使用方法,测量标准溶液系列中铁的光强度。

4. 测定矿样试液

在相同的条件下,测定矿样试液中的铁的光强度。

---

*王水按 $v(HNO)$:$v(HCl)$=1:3 配制,(1+1)王水为王水与水按体积比1:1配制,(1+9)王水为王水与水按体积比1:9配制。

五、数据处理

(1)利用仪器控制软件计算功能,将 Fe 的光强度对浓度进行线性回归,绘制标准曲线。
(2)根据工作曲线计算矿样中 Fe 的含量。
(3)报告测定结果。

六、问题讨论

(1)用 ICP-AES 测定高含量样品时,主要误差来源有哪些? 如何加以控制?
(2)ICP-AES 中单点背景校正与两点背景校正原理有何不同? 如何应用?

实验十 阳离子树脂交换-电感耦合等离子体原子发射光谱法测定 15 种稀土元素

一、实验目的

(1)学习巩固 ICP-AES 分析的基本原理及操作技术。
(2)利用 ICP-AES 测定稀土元素的方法。
(3)了解用离子交换树脂进行痕量元素富集测定的方法。

二、方法原理

稀土矿中的稀土元素含量通常比较低,由于用电感耦合等离子体光谱直接分析检出限不够,分析有一定困难,通常要先进行富集然后测定。另外,样品高含量复杂基体及溶样过程中引入的基体在发射光谱测定过程中易产生光谱干扰,需要预先分离。在一定酸度下,过阳离子树脂交换柱可起到富集及分离基体的目的。

ICP-AES 分析是将液体试样在等离子体中蒸发原子化并激发,使待测元素发射出特征波长的光,经分光或全谱测量其强度而进行的定量测定分析方法。ICP-AES 工作温度高,其样品原子化和激发能力很强,载气动力学和等离子体放电电子趋肤效应形成的环状结构使之具有基体效应小、检出限低、线性范围宽、无自吸等优点,是分析液体试样的理想光源。目前,此光源可用于分析周期表中绝大多数元素(70 多种),检出限可达 $10^{-3}\sim10^{-4}$ ng/g 级,精密度在 1% 左右,并可对百分之几十的高含量元素进行测定。

三、仪器设备与试剂材料

1. 仪器

使用美国 PerkinElmer 公司 Optima 5300DV 型 ICP-AES 光谱仪,主要工作参数如下。
等离子体气流量:15L/min。
辅助气流量:0.2L/min。

雾化气流量：0.8L/min。

高频发生器功率：1300W。

进样流量：1.5mL/min。

背景扣除：以实际硫铁矿样品光谱轮廓为基础设定扣背景点。

2. 试剂

(1) 稀土元素标准储备液：根据实验要求，制备以下15种稀土元素标准储备液。

镧(La)标准储备液(1mg/mL)：准确称取0.117 3g经过850℃灼烧过的高纯三氧化二镧置于烧杯中，用水润湿，加入20mL(1+1)HCl，低温加热至溶解，冷却后移入100mL容量瓶中，用水稀释至刻度线，摇匀。

铈(Ce)标准储备液(1mg/mL)：准确称取0.122 8g经过850℃灼烧过的高纯三氧化二铈置于烧杯中，加入20mL(1+1)HCl，并加入2mL H_2O_2，低温加热至溶解，冷却后移入100mL容量瓶中，用水稀释至刻度线，摇匀。

钇(Y)标准储备液(1mg/mL)：准确称取0.1270g高纯三氧化二钇置于烧杯中，用水润湿，并加入20mL(1+1)HCl，低温加热至溶解，冷却后移入100mL容量瓶中，用水稀释至刻度线，摇匀。

镨(Pr)标准储备液(1mg/mL)：准确称取0.120 8g经过850℃灼烧过的高纯氧化镨置于烧杯中，加入30mL(1+1)王水，低温加热至溶解，冷却后移入100mL容量瓶中，用水稀释至刻度线，摇匀。

钕(Nd)标准储备液(1mg/mL)：准确称取0.116 6g高纯三氧化二钕置于烧杯中，加入40mL(1+1)HCl，低温加热至溶解，冷却后移入100mL容量瓶中，用水稀释至刻度线，摇匀。

钐(Sm)标准储备液(1mg/mL)：准确称取0.116 0g高纯三氧化二钐置于烧杯中，加入30mL(1+1)王水，低温加热至溶解，冷却后移入100mL容量瓶中，用水稀释至刻度线，摇匀。

铕(Eu)标准储备液(1mg/mL)：准确称取0.115 8g经过850℃灼烧过的光谱纯三氧化二铕置于烧杯中，加入30mL(1+1)王水，低温加热至溶解，冷却后移入100mL容量瓶中，用水稀释至刻度线，摇匀。

钆(Gd)标准储备液(1mg/mL)：准确称取0.115 3g经过850℃灼烧过的光谱纯三氧化二钆置于烧杯中，加入30mL(1+1)王水，低温加热至溶解，冷却后移入100mL容量瓶中，用水稀释至刻度线，摇匀。

铽(Tb)标准储备液(1mg/mL)：准确称取0.117 6g经过850℃灼烧过的高纯氧化铽置于烧杯中，加入30mL(1+1)王水，低温加热至溶解，冷却后移入100mL容量瓶中，用水稀释至刻度线，摇匀。

镝(Dy)标准储备液(1mg/mL)：准确称取0.114 8g经过850℃灼烧过的光谱纯三氧化二镝置于烧杯中，加入30mL(1+1)王水，低温加热至溶解，冷却后移入100mL容量瓶中，用水稀释至刻度线，摇匀。

钬(Ho)标准储备液(1mg/mL)：准确称取0.114 6g经过850℃灼烧过的高纯三氧化二钬置于烧杯中，加入30mL(1+1)王水，低温加热至溶解，冷却后移入100mL容量瓶中，用水稀释至刻度线，摇匀。

铒(Er)标准储备液(1mg/mL):准确称取 0.114 4g 经过 850℃ 灼烧过的高纯三氧化二铒置于烧杯中,加入 40mL(1+1)HCl,低温加热至溶解,冷却后移入 100mL 容量瓶中,用水稀释至刻度线,摇匀。

铥(Tm)标准储备液(1mg/mL):准确称取 0.114 2g 经过 850℃ 灼烧过的光谱纯三氧化二铥置于烧杯中,加入 30mL(1+1)王水,低温加热至溶解,冷却后移入 100mL 容量瓶中,用水稀释至刻度线,摇匀。

镱(Yb)标准储备液(1mg/mL):准确称取 0.113 9g 经过 850℃ 灼烧过的高纯三氧化二镱置于烧杯中,加入 20mL(1+1)HCl,低温加热至溶解,冷却后移入 100mL 容量瓶中,用水稀释至刻度线,摇匀。

镥(Lu)标准储备液(1mg/mL):准确称取 0.113 7g 经过 850℃ 灼烧过的高纯三氧化二镥置于烧杯中,加入 30mL(1+1)王水,低温加热至溶解,冷却后移入 100mL 容量瓶中,用水稀释至刻度线,摇匀。

(2)浓 HCl:优级纯。

(3)浓 HNO_3:优级纯。

(4)过氧化钠(Na_2O_2):优级纯。

(5)氢氧化钠溶液:10g/L。

(6)三乙醇胺:优级纯。

(7)上柱溶液:1.25mol/L HNO_3 - 40g/L 酒石酸(含少许抗坏血酸)。

(8)离子交换树脂:强酸 1♯ 阳离子交换树脂,交换柱 Φ 0.6cm×11cm,流量为 0.32~0.36mL/min。

(9)其他试剂:二次亚沸蒸馏水。

四、实验步骤

1. 混合标准溶液

由稀土单元素标准储备液稀释组合成 4 个混合标准溶液(以互相无谱线干扰为分组原则)。

RES-1:样品空白,(1+9)HCl。

RES-2:Ce、Gd、La、Lu、Er、Y 混合标准溶液浓度为 5.0μg/mL。

RES-3:Nd、Tb、Eu、Yb、Sm 混合标准溶液浓度为 5.0μg/mL。

RES-4:Dy、Tm、Pr、Ho 混合标准溶液浓度为 5.0μg/mL。

为了校正试液中残留其他元素对测定稀土元素的干扰,还配制相关元素标准溶液。

RES-5:Fe、Al、Ca、Mg、Ti、Cr 混合标准溶液浓度为 100.0μg/mL。

RES-6:Zr、Ta、Ba、Th 混合标准溶液浓度为 10.0μg/mL。

2. 样品预处理

准确称取 1.000 0g 试样,置于刚玉坩埚中,加入 5~7g 过氧化钠,混匀,上面覆盖 2g 过氧化钠,在 650~700℃ 高温炉中熔融约 10min,冷却后置于 250mL 烧杯中;以 10mL 三乙醇胺、100mL 水提取,在电炉上加热至微沸,取下,冷却后用滤纸过滤,用氢氧化钠溶液洗涤烧杯及沉淀数次；再用 10mL(1+1)HCl 溶解沉淀于原烧杯中,用热的(5+95)HCl(浓 HNO_3 与水按体积比 5:95 稀释)洗至 200mL,溶液酸度约 0.8mol/L HCl,摇匀后上阳离子交换柱,流量约 0.5mL/min；待溶液流完后,用 50mL 1.75mol/L HCl,继而用 150mL 2mol/L HCl 淋洗 Fe、Al、Ca、Mg、Mn、Ti 等残余基体元素；最后,用 200mL 4mol/L HCl 洗脱稀土元素,流出液在电热板上蒸发至 1~2mL,用水稀释至 10mL,摇匀,待测。

3. 工作曲线的绘制

根据实验条件,按照仪器的使用方法,测量标准溶液系列中各稀土元素的光强度(以 RES-1 为低点,混合标准工作溶液 RES-2~RES-6 为高点校准仪器)。

4. 测定矿样试液

在相同的条件下,测定矿样试液中的各稀土元素的光强度。

五、数据处理

(1)利用仪器控制软件计算功能,将各稀土元素的光强度对浓度进行线性回归,绘制标准曲线。
(2)根据工作曲线计算矿样中各稀土元素的含量。
(3)报告测定结果。

六、问题讨论

(1)用 ICP-AES 测定稀土元素样品时,为什么容易产生光谱重叠干扰？
(2)用 ICP-AES 测定稀土元素样品时,为什么要先进行分离富集？

实验十一 铋精矿石中杂质元素的发射光谱(摄谱法)定性、定量分析(设计性实验)

一、实验目的

(1)熟练掌握摄谱法的原理及相关仪器设备使用。
(2)学习识别谱线及黑度测量方法。
(3)掌握光谱定性、半定量及定量方法。

二、原理提示

(1)电极：上电极为圆锥形石墨电极,下电极为"凹"形(Φ3mm×2.5mm×2mm)石墨电极。
(2)定性、半定量分析的仪器工作条件：WPG-100 型平面光栅光谱仪,中心波长 300nm,中间光栏 3mm,狭缝宽度 8μm,激发电流 8A,曝光时间为 40s。
(3)定量分析(乳剂特性曲线)仪器工作条件：WPG-100 型平面光栅光谱仪,中心波长 300nm,中间光栏 3mm,狭缝宽度 8μm,激发电流 5A,曝光时间为 40s。

(4)考虑到样品基体复杂将导致谱线密集难以识别,可采用不同电流(5A、10A)分段把易挥发元素和难挥发元素分别摄谱。

三、实验要求

(1)依据所摄相板,采用光谱定性、半定量方法确定铋精矿中有哪些杂质元素,以及 Cu、Pb、Ag、Sb 杂质含量的大致范围。
(2)测量谱线黑度,用标准曲线法求出铋精矿中 Zn、Ag、Sb 的百分含量。
(3)用哈特曼光阑绘制感光板的乳剂特性曲线。

四、问题讨论

(1)讨论选用内标线的目的和作用。
(2)从相板谱线观察讨论哪些是易挥发元素,哪些是难挥发元素。

实验十二　电感耦合等离子体原子发射光谱法测定天然水中多种元素(设计性实验)

一、实验目的

(1)进一步熟悉 ICP-AES 的原理及操作。
(2)掌握水样采集与预处理方法。

二、原理提示

(1)样品预处理:现场取样要酸化保存,另外要考虑所取样品中存在的有机物杂质对测定产生的影响。
(2)标准系列配制:制备多元素组合标准时要注意元素间的相容性和稳定性。

三、实验要求

(1)查阅文献,了解河流和湖泊水中 Ca、Mg、Fe、Co、Ni、Cu、Pb、Zn、Cd、Cr、Mn 等元素含量的大致范围。
(2)查阅文献,学习混合标准的分组配制方法。
(3)用 ICP-AES 法测定湖泊水中 Ca、Mg、Fe、Co、Ni、Cu、Pb、Zn、Cd、Cr、Mn 等元素的准确含量。

四、问题讨论

(1)水样中有机物对测试有没有影响?若有应该采用什么方法消除影响?
(2)在多元素分析实验中,当要测试的元素数量比较多时,对工作曲线溶液的配制有什么要求?为什么?

实验十三 电感耦合等离子体原子发射光谱法测定硫化矿石中 11 种元素(设计性实验)

一、实验目的
(1)进一步熟悉 ICP-AES 的原理及操作。
(2)学习复杂地质样品的处理及 ICP-AES 测试方法。

二、原理提示
(1)样品预处理:用王水加热可有效分解硫化矿石样品。
(2)标准系列配制:制备多元素组合标准时要注意元素间的相容性和稳定性,元素的原始标准储备液必须进行检查以避免杂质影响标准的准确度。
(3)样品基体复杂,要考虑元素谱线重叠,根据实际矿样的发射光谱线轮廓选取合适背景扣除方法和背景点位置。
(4)方法要求测定硫(S)元素,仪器应该点火稳定 2h 以上。

三、实验要求
(1)查阅文献了解硫化矿石的大致组成情况。
(2)用标准曲线法求出硫化矿石中 Cu、Pb、Zn、As、Sb、Ag、Cd、Hg、Se、Mo 和 S 的含量。
(3)查阅文献,学习混合标准的分组配制方法。

四、问题讨论
(1)讨论复杂基体样品在 ICP-AES 分析过程中可能产生的各种影响。
(2)发射光谱测定低含量硫样品时,对仪器条件有什么额外要求?

第三章 原子吸收光谱与原子荧光光谱法

实验十四 原子吸收光谱法测量条件的选择及水样中铜的测定

一、实验目的

(1)了解原子吸收光谱仪的基本结构及使用方法。
(2)掌握原子吸收光谱分析测量条件的选择方法及测量条件的相互关系和影响,确定各项条件的最佳值。
(3)掌握原子吸收光谱法测定铜的分析方法。

二、方法原理

在原子吸收光谱分析中,分析方法的灵敏度、精密度、干扰是否严重以及分析过程是否简便快速等在很大程度上依赖于所使用的仪器及所选用的测量条件。因此,原子吸收光谱法测量条件的选择是十分重要的。

原子吸收光谱法的测量条件包括吸收线的波长、空心阴极灯的灯电流、火焰类型、雾化方式、燃气和助燃气的比例、燃烧器高度以及单色器的光谱通带等。

实验通过铜的测量条件,如灯电流、燃气和助燃气的比例,燃烧器高度和单色器狭缝宽度的选择,确定这些测量条件的最佳值。

在所确定的最佳仪器条件下,进行实际水样分析测试,可取得最佳的分析性能和更可靠的分析结果。

本实验以铜为试验对象,进行原子吸收光谱分析仪器优化实验,并开展含铜水样分析测试。

三、仪器设备与试剂材料

1. 仪器

TAS-990F 型或 WFX110 型原子吸收分光光度计、铜空心阴极灯。

2. 试剂

(1)浓 HCl、浓 HNO_3:均为分析纯。
(2)铜标准储备液(1mg/mL):准确称取 0.100 0g 纯铜粉于 100mL 烧杯中,加入 5mL 浓 HNO_3 溶解,移入 100mL 容量瓶中,加水稀释至刻度,摇匀,此溶液浓度为 1.000mg/mL

铜标准储备液;或准确称取 0.393 0g 硫酸铜($CuSO_4 \cdot 5H_2O$)溶于水后移入 100mL 容量瓶中,加水稀释至刻度,摇匀,此溶液为浓度为 1mg/mL 铜标准储备液。

(3)铜标准溶液($25\mu g/mL$):准确移取 2.50mL 的 1mg/mL 铜标准储备液于 100mL 容量瓶中,用蒸馏水稀释至刻度,摇匀,此为 $25\mu g/mL$ 铜标准溶液。

四、实验步骤

1. 初选测量条件(表 3-1)

表 3-1 初选测量条件

条件	波长/nm	灯电流/mA	狭缝宽度/mm	空气流量/$L \cdot h^{-1}$	乙炔流量/$mL \cdot min^{-1}$	燃烧器高度/mm
参数	324.8	2	0.2	450	1200	8

2. 燃烧器高度和乙炔流量的选择

用上述初选测量条件,固定空气流量,改变燃烧器高度(也称测量高度)(表 3-2)和乙炔流量,测量其吸收值,选用有较稳定的最大吸收值的燃烧器高度和乙炔流量。

表 3-2 不同燃烧器高度和乙炔流量下的吸光度 A

燃烧器高度/mm	乙炔流量/$mL \cdot min^{-1}$				
	1000	1200	1400	1600	1800
4					
8					
12					
16					
20					

3. 灯电流的选择

采用第 2 步中选定的燃烧器高度和乙炔流量测量条件及第 1 步中的部分初选测量条件,改变灯电流(表 3-3),测量吸光度,选用有较大吸收值同时有稳定读数的最小灯电流。

表 3-3 不同灯电流下的吸光度 A

灯电流/mA	1.0	1.5	2.0	2.5	3.0	3.5	4.0	4.5
吸光度 A								

4. 单色器狭缝宽度的选择

采用前述各步骤中已经选定的最佳测量条件和部分初选测量条件,改变单色器狭缝宽度(表3-4),测量吸光度,选定最佳的狭缝宽度。

表3-4 不同单色器狭缝宽度下的吸光度 A

光谱通带/nm	0.1	0.2	0.4	1.2
吸光度 A				

5. 水样中铜的测定

(1)标准系列溶液的配制:分别准确移取 0mL、0.50mL、1.00mL、2.00mL、3.00mL、4.00mL、5.00mL 的 25μg/mL 铜标准溶液置于 25mL 比色管中,用水稀释至刻度,摇匀。此标准系列铜浓度分别为 0μg/mL、0.5μg/mL、1.0μg/mL、2.0μg/mL、3.0μg/mL、4.0μg/mL、5.0μg/mL,与样品溶液同时测定。

(2)水样的配制:吸取 2.5mL 水样于 25mL 的比色管中,以下处理同标准系列。

(3)测定:将上述优化出的最佳参数填入表3-5,并在此仪器条件下测定,记录吸光度,填入表3-6中。

表3-5 仪器工作参数

条件	波长/nm	灯电流/mA	光谱通带/nm	空气流量/L·h^{-1}	乙炔流量/mL·min^{-1}	燃烧器高度/mm
参数	324.7					

表3-6 测量数据记录

标准	空白	标1	标2	标3	标4	标5	样1	样2
吸光度 A								

五、数据处理

(1)根据实验数据绘制各项参数对吸收值的关系曲线。

(2)列出选定铜测量条件的最佳参数,具体如下。

铜吸收线波长:_____ nm。

空气流量:_____ L/h。

乙炔流量:_____ mL/min。

燃烧器高度:_____ mm。

灯电流:_____ mA。

狭缝宽度:_____ mm。

(3)水样分析数据处理:绘制吸光度-浓度工作曲线,根据样品溶液吸光度在工作曲线查出相应的浓度,根据稀释倍数计算原始水样中铜的浓度。

六、问题讨论

(1)简述测量条件选择试验的意义。
(2)选择各项最佳条件的原则是什么?
(3)上述选定的测量条件是否在不同厂家的仪器测定铜时均适用?为什么?

实验十五 原子吸收光谱法测定的干扰及其消除

一、实验目的

(1)了解化学干扰及其消除方法。
(2)了解电离干扰及其消除方法。

二、方法原理

原子吸收光谱法,总的来说干扰比较少,因为参与吸收的是基态原子,它的数目受温度影响较小。一般来说,基态原子数较近似等于原子总数。因使用锐线光源,且吸收线的数目比发射线的数目少得多,谱线重叠和相互干扰的概率小。在实验中,采用调制光源和交流放大,可消除火焰中直流发射的影响。但是在实际工作中仍不可忽视干扰问题。

化学干扰是指在溶液或气相中被测组分与其他组分之间的化学作用而引起的干扰效应。它影响被测元素化合物的离解和原子化,使火焰中基态原子数目减少,降低原子吸收信号。化学干扰是原子吸收光谱分析中的主要干扰。在试液中加入一种试剂,它会优先与干扰组分反应,释放出待测元素,这种试剂叫释放剂。释放剂可以有效地消除化学干扰。

被测元素在火焰中形成自由原子之后继续电离,使基态原子数减少,吸收信号降低,这就是电离干扰。若火焰中存在能提供自由电子的其他易电离的元素,可使已电离的待测元素的离子回到原子态,使被测元素基态原子数增加,从而达到消除电离干扰的目的。

三、仪器设备与试剂材料

1. 仪器

TAS-990F 型或 WFX110 型原子吸收分光光度计。

2. 试剂

(1)镁储备液(1.000mg/mL):准确称取于 800℃灼烧至恒重的氧化镁(A.R.)1.658 3g,加入 1mol/L HCl 中至完全溶解,移入 1000mL 容量瓶中,稀释至刻度,摇匀。

(2)钙储备液(1.000mg/mL):准确称取于 110℃干燥的碳酸钙(A.R.)2.498 0g,加入 100mL 蒸馏水,滴加少量浓 HCl,使完全溶解,移入 1000mL 容量瓶中,稀释至刻度,摇匀。

(3)铝储备液(1.000mg/mL):溶解1.0000g纯铝丝于少量6mol/L HCl中,移入1000mL容量瓶,用体积分数1%HCl稀释至刻度。

(4)钾溶液(12mg/mL):称取2.3g KCl(A.R.)溶于少量蒸馏水中,稀释至100mL。

(5)镧溶液(50mg/mL):称取15.6g La(NO$_3$)$_3$·6H$_2$O溶于少量蒸馏水中,稀释至100mL。

四、实验步骤

1. 化学干扰及其消除

(1)在6个100mL容量瓶中,将镁和铝的储备液,经过适当稀释,配制一系列混合溶液。其中,镁浓度均为0.20μg/mL,铝浓度分别为0μg/mL、1.0μg/mL、10.0μg/mL、50.0μg/mL、100.0μg/mL、500.0μg/mL,逐一测量其吸光度,测量条件见表3-7。

表3-7 镁元素测试仪器参数设置条件

波长/nm	灯电流/mA	狭缝宽度/mm	空气流量/L·h^{-1}	乙炔流量/mL·min^{-1}	燃烧器高度/mm
285.2	2	0.2	450	1200	8

(2)在5个100mL容量瓶中,配制一系列混合溶液。其中,镁浓度均为0.20μg/mL,铝浓度分别为0μg/mL、1.0μg/mL、10.0μg/mL、50.0μg/mL、100.0μg/mL、500.0μg/mL,镧浓度均为1mg/mL,逐一测量其吸光度,测量条件同上。

2. 电离干扰及其消除

(1)测量条件见表3-8。

表3-8 钙元素测试仪器参数设置条件

波长/nm	灯电流/mA	狭缝宽度/mm	空气流量/L·h^{-1}	乙炔流量/mL·min^{-1}	燃烧器高度/mm
422.7	2	0.2	450	1200	8

(2)在8个100mL容量瓶中,配制一系列混合溶液。其中,钙浓度均为8.0μg/mL,钾浓度分别为0μg/mL、1.0μg/mL、10.0μg/mL、100.0μg/mL、500.0μg/mL、1000μg/mL、2000μg/mL、3000μg/mL,逐一测量其吸光度。

五、数据处理

(1)绘制未加镧和加镧后测得的吸光度对加铝的浓度曲线。

(2)绘制吸光度对加钾的浓度曲线,由曲线图确定本实验中克服电离干扰所需钾的最小量。

六、问题讨论

(1)试解释铝对镁的干扰和加镧消除干扰的机理。是否还有其他方法消除这种干扰?

(2)消除电离干扰除了加入钾盐外,还有哪些金属盐可用?

实验十六　火焰原子吸收光谱法灵敏度和检出限及自来水中钙、镁的测定

一、实验目的

(1) 掌握测定灵敏度和检出限的方法,了解影响灵敏度和检出限的因素。
(2) 学习用原子吸收光谱法测定水中钙、镁的方法。

二、方法原理

在原子吸收光谱法中,灵敏度和检出限是经常用到的重要概念,也是原子吸收分光光度计的重要技术指标。

根据国际纯粹与应用化学联合会[又译为国际理论(化学)与应用化学联合会,简称IUPAC]的规定,灵敏度定义为校正曲线 $A=f(c)$ 的斜率,它表示 $S=dA/dc$,即当被测元素浓度改变一个单位时吸光度 A 的变化量,S 越大,表示灵敏度越高。

灵敏度用于检验仪器的固有性能和估计最适宜的测量范围及取样量。测试灵敏度的通常方法是选择最佳测量条件和一组浓度合适的标准溶液,测量其吸收值,绘制一条标准溶液吸光度-浓度校正曲线,求其斜率,计算其灵敏度值。

检出限可定义为能产生吸收信号为 3 倍噪声电平所对应被检出元素的最小浓度或最小量,量纲是 $\mu g/mL$ 或 g。噪声电平是用空白溶液进行不少于 10 次的吸收值测量,计算其标准偏差求得。

检出限在一定程度上说明了仪器的稳定性和灵敏度,它反映了在测量中总噪声电平的大小,是一台仪器的综合性技术指标。测试检出限时,试验溶液的浓度应当很低,通常取约 5 倍于检出限浓度的溶液与空白溶液进行 10 次以上连续交替测量。以空白溶液测量数值的标准偏差 σ 的 3 倍信号值所对应的浓度为检出限。由于检出限测试着重于减小噪声电平,因此最佳测量条件的考虑,往往不完全与灵敏度的测量条件相同。

三、仪器设备与试剂材料

仪器:TAS-990F 型或 WFX110 型原子吸收分光光度计。

试剂:1.0mg/mL 镁标准储备液、1.0mg/mL 钙标准储备液、50μg/mL 镁标准工作液、50μg/mL 钙标准工作液。

四、实验步骤

1. 镁标准系列的配制

分别准确移取 0mL、0.20mL、0.40mL、0.60mL、0.80mL、1.00mL 的 50μg/mL 镁标准工作液于一系列 50mL 容量瓶中,用蒸馏水稀释至刻度,摇匀,备用。

2. 钙标准系列的配制

分别准确移取 0mL、1.00mL、2.00mL、3.00mL、4.00mL、5.00mL 的 50μg/mL 钙标准工作液于一系列 50mL 容量瓶中,用蒸馏水稀释至刻度,摇匀,备用。

3. 检出限实验试验溶液的配制

(1) 0.01μg/mL 镁标准溶液配制:采用逐级稀释,用 50μg/mL 的镁标准工作液配制 100mL 的 0.01μg/mL 镁试验溶液,备用。

(2) 0.05μg/mL 钙标准溶液配制:采用逐级稀释,用 50μg/mL 的钙标准工作液配制 100mL 的 0.05μg/mL 钙试验溶液,备用。

4. 仪器参数设置

仪器参数设置见表 3-9。

表 3-9 不同元素测定仪器参数设置条件

元素	波长/nm	灯电流/mA	狭缝宽度/mm	空气流量/L·h^{-1}	乙炔流量/mL·min^{-1}	燃烧器高度/mm
镁	285.2	2	0.2	450	1200	8
钙	422.7	2	0.2	450	1200	8

5. 灵敏度的测定

按仪器操作步骤分别对镁标准系列和钙标准系列进行测定,记录吸光度。

6. 检出限的测定

分别对镁、钙的试验溶液和空白溶液连续进行 10 次以上交替测量,记录吸光度。

7. 自来水中镁、钙的测定

分别测定自来水中镁、钙的吸光度,记录。

五、数据处理

1. 灵敏度

由镁、钙的标准系列浓度和吸光度值绘制标准校正曲线,求斜率,计算灵敏度值。

如果校正曲线为一直线,可在直线区域内取某一浓度所对应的吸光度按以下简便公式计算特征浓度,以此表示分析方法灵敏程度。公式为:

$$S = \frac{c \times 0.0044}{A} \tag{3-1}$$

式中:S 为特征灵敏度[μg/(mL·1%)];c 为试验溶液浓度(μg/mL);A 为吸光度。

2. 检出限

检出限计算公式:

$$c_L = \frac{c \times 3\sigma}{\bar{A}} \tag{3-2}$$

$$\sigma = \sqrt{\frac{\sum(\overline{A}-A_i)^2}{n-1}} \tag{3-3}$$

式中:c_L 为元素的检出限($\mu g/mL$);c 为试验溶液浓度($\mu g/mL$);σ 为空白吸光度标准偏差;$\overline{A}$ 为试验溶液的平均吸光度;A_i 为单次测量的吸光度;n 为测定次数。

用以上公式分别计算镁、钙的检出限。

六、问题讨论

(1)灵敏度和检出限有何意义?

(2)影响灵敏度和检出限的主要因素有哪些?

(3)在测定较复杂样品中钙、镁时,可能出现吸收信号很小甚至难以观测的情况(钙、镁存在),为什么?可用什么方法消除这种测试干扰?

实验十七 原子吸收光谱法测定矿石中的铜(工作曲线法)

一、实验目的

(1)掌握原子吸收光谱法测定矿石中铜的分析方法。

(2)学习铜矿石样品的处理方法。

二、方法原理

铜是原子吸收光谱分析中经常和最容易测定的元素之一,在稍贫燃性的空气-乙炔火焰中进行测定时干扰很少。测定时以铜标准系列溶液的浓度为横坐标、以对应的吸光度为纵坐标,绘制一条过原点的工作曲线,再根据相同条件下测得的试样溶液吸光度即可求出试液中铜的浓度,进而计算出原矿样中铜的含量。

三、仪器设备与试剂材料

1.仪器

TAS-990F 型或 WFX110 型原子吸收分光光度计。

2.试剂

(1)铜标准溶液制备:准确称取 0.100 0g 纯铜粉于 100mL 烧杯中,加入 5mL 浓 HNO_3 溶解,移入 100mL 容量瓶中,加水稀释至刻度,摇匀。此溶液浓度为 1.000mg/mL 铜标准储备液;或准确称取 0.393 0g 硫酸铜($CuSO_4 \cdot 5H_2O$)溶于水后移入 100mL 容量瓶中,加水稀释至刻度,摇匀。此溶液为 1mg/mL 铜标准储备液。准确移取 5.00mL 上述铜标准储备液于 100mL 容量瓶中,用蒸馏水稀释至刻度,摇匀,此为 $50\mu g/mL$ 铜标准溶液。

(2)浓 HCl:分析纯。

(3)浓 HNO_3:分析纯。

四、实验步骤

1. 标准系列溶液的配制

分别准确移取 0mL、0.50mL、1.00mL、2.00mL、3.00mL、4.00mL、5.00mL 50μg/mL 铜标准溶液置于 50mL 容量瓶中，用水稀释至刻度，摇匀。此标准系列铜浓度分别为 0μg/mL、0.5μg/mL、1.0μg/mL、2.0μg/mL、3.0μg/mL、4.0μg/mL、5.0μg/mL，与样品溶液同时测定。

2. 试样的处理

准确称取 0.02～0.20g 有代表性的矿物样品（可根据矿样中铜的大致含量适当增减取样量 m_s），置于 200mL 烧杯中，用水润湿；加 15mL 浓 HCl，在通风橱内，置于电热板上加热溶解；待硫化氢（H_2S）气体逸出后，再加 5mL 浓 HNO_3；继续加热蒸发至湿盐状；取下冷却，加 5mL 浓 HCl，加 10mL 水，加热溶解可溶性盐类，取下移入 250mL 容量瓶中，加蒸馏水稀释至刻度并摇匀，静置澄清；同时对样品空白做同样处理，与标准溶液同时测定。

3. 测定

在下面仪器条件下测定，并记录吸光度，见表 3-10。

表 3-10 仪器参数测定

条件	波长/nm	灯电流/mA	狭缝宽度/mm	空气流量/L·h^{-1}	乙炔流量/mL·min^{-1}	燃烧器高度/mm
参数	324.7	2	0.2	450	1200	8

五、数据处理

绘制吸光度-浓度工作曲线，根据样品溶液吸光度在工作曲线查出相应的浓度 c，按下式计算样品中铜的含量。

$$w_{Cu} = \frac{c \times 250 \times 10^{-6}}{m_s} \times 100\% \tag{3-4}$$

式中：w_{Cu} 为铜的百分含量（%）；c 为浓度（μg/mL）；m_s 为取样量（g）。

六、问题讨论

（1）根据测定结果，计算在当前仪器工作条件下铜的灵敏度，并与文献数据（灵敏度为 0.1μg/mL）进行比较，是否一致？能说明是什么原因吗？

（2）已知铜的特征浓度是 0.02μg/(mL·1%)，某矿石样品中铜的含量约 1%，若用原子吸收法测定铜，最适宜的测量浓度是多少？应称取多少克试样？制成多少毫升体积进行测量较合适？

实验十八　火焰原子吸收光谱法测定铝合金中镁的含量（标准加入法）

一、实验目的

(1) 加深理解火焰原子吸收光谱法的原理和仪器的构造。
(2) 进一步熟悉原子吸收光谱仪器的基本操作技术。
(3) 掌握标准加入法测定元素含量的分析技术。

二、方法原理

原子吸收光谱法是测定镁的常用方法之一，具有简单、方便、快速、灵敏度高等特点。铝、磷、硅、钛等对镁的测定有干扰，当有含氧酸存在时，干扰程度增大，通常可用加入锶、镧等释放剂消除。本实验是在盐酸介质中加入一定量的锶盐作释放剂，用标准加入法进行测定，以消除大量铝对镁测定的干扰。

标准加入法分复加入和单加入两种，复加入法是制备一种由试样主体元素组成的空白溶液，在试样溶液和空白溶液中加入等量的待测元素，配成两种加入待测元素的系列溶液，测定两种系列溶液的吸光度。以待测元素加入量为横坐标、以相应的吸光度为纵坐标，依标准曲线法相似的方法作图，可得两条直线，将直线延长使之与横坐标外推延长线相交，即可得到试样和空白溶液中镁的含量，两者之差即为试样溶液的含镁量，由此计算原试样中镁的含量。

三、仪器设备与试剂材料

1. 仪器

TAS-990F 型或 WFX110 型原子吸收分光光度计。

2. 试剂

(1) 镁标准储备液：1.000mg/mL。
(2) 镁标准工作液：10μg/mL。取 1.000mg/mL 的镁标准储备液 1mL 于 100mL 的容量瓶中，以去离子水定容，摇匀，备用。
(3) 氯化锶溶液：10mg/mL；称取 30.40g 氯化锶溶于蒸馏水中，加入 10mL(1+1)HCl，稀释至 1L，摇匀。
(4) 空白溶液：称取 0.2g 高纯金属铝移入 250mL 烧杯中，加少量蒸馏水，加入 10mL (1+1)HCl；待剧烈反应停止后，趁热滴加(1+1)HNO_3 使之完全溶解，煮沸赶除二氧化氮；取下冷却，移入 50mL 容量瓶中，以蒸馏水稀释至刻度，摇匀。

四、实验步骤

1. 试样的处理

准确称取 0.25g 试样于 250mL 烧杯中,加入少量蒸馏水,加入 10mL(1+1)HCl;待剧烈反应停止后,趁热滴加(1+1)HNO_3,使之完全溶解,煮沸赶除二氧化氮;取下冷却,移入 50mL 容量瓶中,以蒸馏水定容,摇匀。

2. 试样和空白系列溶液的配制

(1)试样系列溶液的配制:吸取 4 份 5mL 试样溶液,分别置于 4 支 25mL 比色管中,各加入 1mL 氯化锶溶液,于第 2、第 3、第 4 支比色管中分别加入 0.20mL、0.40mL、0.60mL 10μg/mL 镁标准工作液,定容,摇匀,待测。

(2)空白系列溶液的配制:吸取 4 份 5mL 空白溶液,分别置于 4 支 25mL 比色管中,各加入 1mL 氯化锶溶液,于第 2、第 3、第 4 支比色管中分别加入 0.20mL、0.40mL、0.60mL 10μg/mL 镁标准工作液,定容,摇匀,待测。

3. 仪器准备

按仪器操作程序,将仪器各个工作参数调至表 3-11 所示测定条件,预热 20min。

表 3-11 工作参数

条件	波长/nm	灯电流/mA	狭缝宽度/mm	空气流量/L·h^{-1}	乙炔流量/mL·min^{-1}	燃烧器高度/mm
参数	285.2	2	0.2	450	1200	8

4. 测定吸光度

测定试样和空白系列溶液吸光度。

五、数据处理

(1)列表记录试样和空白系列溶液的吸光度。

(2)绘制试样和空白溶液的吸光度随不同加入量的变化图形。

(3)分别求出试样中镁的浓度及空白溶液中相当于镁的浓度(是干扰造成的相当于镁的吸收值),并由其差值计算出试样中的含镁量。

六、问题讨论

(1)标准加入法与标准曲线法有何不同?各适用于什么情况?

(2)空白试验为什么也要采用标准加入的方法?

(3)空白溶液中不含镁,为什么可以测出镁的含量?

实验十九　原子吸收光谱法测定人发中的微量锌元素

一、实验目的

(1)掌握常用原子吸收光谱仪的操作方法。
(2)学习生物样品的处理方法。

二、方法原理

将人发样经过洗涤、干燥处理;再称取一定量发样采用硝酸-高氯酸消化处理,使微量锌以金属离子状态转入溶液中;然后,按常规原子吸收光谱分析中的工作曲线法进行分析。

锌在人和其他动物体内具有重要功能,它对生长发育、创伤愈合、免疫预防都有重要作用。人发中锌含量多少可指示人体中微量元素锌的含量是否正常。因此,分析人发中的锌含量具有重要意义。

测锌时配制溶液容易引入污染,要注意正确使用实验器具,特别是橡胶材质器具容易引入较严重锌污染,影响测试结果。

三、仪器设备与试剂材料

1. 仪器

TAS-990F 型或 WFX110 型原子吸收分光光度计。

2. 试剂

(1)1mg/mL 锌标准溶液:准确称取 1.000 0g 金属锌于 250mL 烧杯中,用 30~40mL (1+1)HCl 使其溶解后,煮沸几分钟,冷却,移入 1000mL 容量瓶中,用水稀释至刻度,摇匀,备用。

(2)浓 HNO_3:分析纯。

(3)高氯酸($HClO_4$):分析纯。

四、实验步骤

1. 发样采集与准备

用不锈钢剪刀剪取发样,要贴近头皮剪,并弃去发梢,取 1g 左右发量,然后剪成 1cm 左右长度。

将发样放入 100mL 的烧杯中,用体积分数 1% 洗发精浸泡,置于电动搅拌器搅拌 30min,自来水冲洗 20 次,蒸馏水洗 5 次,再用去离子水洗涤 5 次,于 65~67℃的烘箱中干燥 4h,取出后放入干燥器中保存备用。

2. 消化处理

称取 0.200 0g 上述处理过的发样于 100mL 烧杯中,加入 5mL 浓 HNO_3,盖上表面皿,在电热板上低温加热消解,待完全溶解以后,取下冷却;然后加入 1mL 高氯酸,再置于电热板上继续加热,冒白烟至溶液余 1～2mL(不可蒸干);取下冷却后用去离子水将其移入 25mL 比色管中,稀释至刻度摇匀待测。每批试样需同时进行消化处理一份空白样品。

3. 标准系列溶液的配制

移取 10mL 1mg/mL 锌标准溶液于 100mL 容量瓶中,用蒸馏水稀释至刻度,摇匀。此溶液锌的浓度为 $100\mu g/mL$。

分别移取 0mL、0.25mL、0.50mL、0.75mL、1.00mL、1.25mL $100\mu g/mL$ 锌标准溶液于 25mL 比色管中,用体积分数 1% 高氯酸溶液稀释至刻度摇匀,浓度为 $0\mu g/mL$、$1.0\mu g/mL$、$2.0\mu g/mL$、$3.0\mu g/mL$、$4.0\mu g/mL$、$5.0\mu g/mL$。与试样溶液同时测定。

4. 试液的测定

将处理好的试样及空白溶液按以下仪器工作条件与标准系列一起进行测定,记录其吸光度。

仪器工作条件:波长 213.9nm,灯电流 3mA,狭缝宽度 0.2mm,燃烧器高度 8mm,空气流量 450L/h,乙炔流量 1200mL/min。

五、数据处理

(1) 以标准系列测定结果作 A-c 工作曲线。

(2) 从工作曲线中找出未知样的相应浓度,扣除空白值,然后按发样称取量算出 Zn 的含量($\mu g/g$)。

六、问题讨论

(1) 发样的处理与消解是否完全,对分析结果影响极大,本实验在发样处理等方面应该注意哪些问题?

(2) 在测锌时经常产生较大空白,其来源是什么?

(3) 相对于测定其他元素,测定锌时火焰吸收比较强烈,为什么?

实验二十 豆乳粉中铁、铜、钙的测定(设计性实验)

一、实验目的

(1) 熟悉火焰原子吸收分光光度计的使用方法。

(2) 学习食品类样品的处理方法。

二、原理提示

测定食品中微量金属元素,首先要处理试样,使其中的微量金属元素以可溶盐的状态溶于溶液中。试样可用湿法处理,即试样在酸中消解制成溶液;也可以用干法处理,即将试样置于马弗炉中,在 400～500℃高温下灰化,再将灰分溶解在盐酸或硝酸中制成溶液。

注意:在测定钙元素时要加入镧盐。

三、实验要求

(1)查阅资料,拟订食品类试样的处理方法。
(2)掌握原子吸收光谱法测定食品中微量元素的方法。

四、问题讨论

(1)讨论原子吸收法测定实际样品中的钙元素时加入镧盐所起的作用。
(2)讨论哪些类型的样品可以考虑悬浮液直接进样分析。

实验二十一　原子吸收光谱法测定工业废水中铬(Ⅵ)-阳离子表面活性剂的增感效应

一、实验目的

(1)初步了解表面活性剂增感效应在原子吸收光谱分析中的应用。
(2)进一步熟悉原子吸收光谱仪的操作及应用。

二、方法原理

在原子吸收光谱分析中,表面活性剂可同时提高某些金属元素的灵敏度和选择性。阳离子表面活性剂对铬(Ⅵ)的增感机理:一方面是由于改变了待测元素铬(Ⅵ)在溶液中的存在状态及在火焰中改变了原子化历程,另一方面是由于喷雾过程中表面活性剂使分析物富集在气溶胶雾滴中的所谓气溶胶离子的再分布效应。

无表面活性剂存在时,铬(Ⅵ)吸光度较低,在溶液中存在状态随酸度而变化。pH<2时,铬(Ⅵ)主要以 $Cr_2O_7^{2-}$ 存在,pH>6时,则以 CrO_4^{2-} 为主要存在形式,不同的存在形式在火焰中具有不同的原子化效率。本实验在待测溶液中加入一定浓度的阳离子表面活性剂——溴化正辛基吡啶(OPB),其在溶液中分散成带正电荷微粒,能够与带负电荷的铬(Ⅵ)形成离子对化合物。一般认为,与简单的无机阴离子 $Cr_2O_7^{2-}$ 和 CrO_4^{2-} 相比,铬(Ⅵ)的离子对化合物在火焰中较易挥发和原子化,且存在离子的再分布效应,因而具有较高的灵敏度。此外,在溴化正辛基吡啶(OPB)体系中,大多数共存元素和无机酸的干扰基本消除或大大降低。

三、仪器设备与试剂材料

1. 仪器

TAS-990F 型或 WFX110 型原子吸收分光光度计。

2. 试剂

(1)铬(Ⅵ)标准储备液(1mg/mL):准确称取 1.414 5g 经 110℃烘干 2h 的 $K_2Cr_2O_7$ 于

250mL 烧杯中,加蒸馏水溶解后,加 3mL 浓 HCl,转入 500mL 容量瓶中,用水稀释至刻度,摇匀,备用。

(2) 溴化正辛基吡啶(OPB):体积分数 2% 的 OPB 水溶液。

四、实验步骤

1. 标准系列溶液的配制

吸取 2.0mL 铬(Ⅵ)标准储备液于 100mL 容量瓶中,加 1.5mL(1+1)HCl,用水稀释至刻度,摇匀。此铬标准溶液浓度为 $20\mu g/mL$。

分别吸取 0mL、1.0mL、2.0mL、3.0mL、4.0mL、5.0mL 上述铬(Ⅵ)标准溶液于 10mL 比色管中,加 3.0mL OPB 溶液,用蒸馏水定容。此标准系列溶液铬(Ⅵ)浓度分别为 $0\mu g/mL$、$2.0\mu g/mL$、$4.0\mu g/mL$、$6.0\mu g/mL$、$8.0\mu g/mL$、$10.0\mu g/mL$。

2. 未知试样溶液的配制

分别吸取 4 份 5.0mL 含铬(Ⅵ)的工业废水试样,置于 4 支 10mL 比色管中,其中 2 支加 3.0mL OPB 溶液,用纯水定容。

3. 吸光度的测量

按照以下仪器工作条件,以不含铬(Ⅵ)的溶液调零,依次测量标准系列溶液和未知试样的吸光度。

仪器工作条件:波长 357.9nm,灯电流 3mA,狭缝宽度 0.2mm,燃烧器高度 8mm,空气流量 450L/h,乙炔流量 1200mL/h。

五、数据处理

(1) 绘制 A-c 工作曲线,求出工业废水中铬(Ⅵ)的含量。

(2) 比较有无 OPB 存在时铬(Ⅵ)的吸光度,计算 OPB 对铬(Ⅵ)的增感效果。

六、问题讨论

表面活性剂为什么能提高金属元素原子吸收光谱测定的灵敏度和选择性?

实验二十二 石墨炉原子吸收光谱法最佳温度和时间的选择及环境水样中微量铅的测定

一、实验目的

(1) 掌握石墨炉原子吸收光谱法中最佳温度和时间选择的原则及方法。

(2) 学习绘制灰化和原子化吸光度-温度曲线,确定最佳温度和时间。

(3) 学习用石墨炉原子吸收光谱测定微量铅的方法。

二、方法原理

石墨炉原子吸收光谱法中温度和时间的选择主要包括干燥、灰化、原子化、净化4个阶段的温度和时间。

在石墨炉原子吸收光谱分析中,分析方法的绝对灵敏度、精密度、基体是否除掉,分析过程是否简便快速,分析结果是否准确可靠往往依赖于所选择的灰化温度和时间、原子化温度和时间。

干燥阶段的目的是脱溶剂。干燥温度应根据溶剂的沸点来选择,一般选取的温度应略高于溶剂的沸点,对较稀的水溶液来说为100~110℃,对甲基异丁酮(沸点117℃)来说为120~130℃。干燥时间主要取决于样品体积的多少。一般来说,干燥时间可按试样体积(μL)的1.5~2倍来估计。

灰化阶段类似于化学预处理,其目的是在保证待测元素没有明显损失的条件下,破坏有机物,并蒸发掉试样中易挥发的基体组分,尽量使待测元素以相同的化学形态进入原子化阶段,减少或消除基体组分对测定的干扰。

原子化阶段的作用是在一定温度下使分析元素的化合物有效分解为气态自由原子,进而可实现原子吸收测量。原子化温度的选择应该使用能给出最大吸收信号的最低温度,较低的温度可以延长石墨管的寿命。原子化时间的选择应尽可能短,但以元素完全原子化为准。一般选择足以使原子吸收信号回复到基线的时间,定为原子化时间。

本实验主要通过选择铅的灰化温度和时间、原子化温度和时间,绘制吸收曲线,确定其最佳温度与时间。在选定的最佳灰化和原子化温度及时间下测定环境水样中铅的含量。

三、仪器设备与试剂材料

1. 仪器

TAS-990G型或WFX110型石墨炉原子吸收分光光度计、石墨管。

2. 铅标准溶液的配制

(1) 100μg/mL铅标准储备液:准确称取0.100 0g高纯金属铅,置于烧杯中,加入10mL硝酸,盖上表面皿,低温加热蒸至小体积,冷却后,移入1000mL容量瓶中,用二次蒸馏水稀释至刻度,摇匀,备用。

(2) 1μg/mL铅标准工作液:分取1mL 100μg/mL铅标准储备液于100mL容量瓶中,用二次蒸馏水稀释至刻度,摇匀,备用。

(3) 0.2μg/mL铅标准工作液:分取2mL 1μg/mL铅标准工作液于10mL比色管中,用二次蒸馏水稀释至刻度,摇匀,备用。

四、实验步骤

1. 初选条件

Pb测定波长:283.3nm。

灯电流:3mA。
狭缝宽度:0.2mm。
保护气流量:3L/min。
取样体积:10μL。
干燥温度和时间:110℃,20s。
原子化温度和时间:2500℃,5s。
灰化温度和时间:600℃,30s。
清洗温度和时间:2600℃,5s。
管空白:2650℃,5s。
延迟时间:5s。

2.灰化温度和时间的选择

按表3-12所列出的方式改变灰化温度和时间,测量吸光度,确定一组最佳值。

表3-12 不同灰化温度和时间下吸光度A

时间/s	温度/℃	吸光度A	时间/s	温度/℃	吸光度A
10	600		30	600	
	800			800	
	1000			1000	
	1200			1200	
	1400			1400	
	1600			1600	
	1800			1800	
	2000			2000	
20	600		40	600	
	800			800	
	1000			1000	
	1200			1200	
	1400			1400	
	1600			1600	
	1800			1800	
	2000			2000	

3.原子化温度和时间的选择

采用初选条件和第2步选定的最佳灰化温度与时间,按表3-13列出的方式,改变原子化温度和时间,测量吸光度,确定一组最佳值。

第三章 原子吸收光谱与原子荧光光谱法

表 3-13 不同原子化温度和时间下吸光度 A

时间/s	温度/℃	吸光度 A	时间/s	温度/℃	吸光度 A
3	2000		6	2000	
	2100			2100	
	2200			2200	
	2300			2300	
	2400			2400	
	2500			2500	
	2600			2600	
	2700			2700	
4	2000		7	2000	
	2100			2100	
	2200			2200	
	2300			2300	
	2400			2400	
	2500			2500	
	2600			2600	
	2700			2700	
5	2000				
	2100				
	2200				
	2300				
	2400				
	2500				
	2600				
	2700				

4.铅标准系列溶液及水样的配制与测定

(1)分别移取 0mL、0.40mL、0.80mL、1.20mL、1.60mL、2.00mL 1μg/mL 铅标准工作液于 50mL 比色管中,用二次蒸馏水定容,摇匀。此系列的浓度分别为 0ng/mL、8.0ng/mL、16.0ng/mL、24.0ng/mL、32.0ng/mL、40.0ng/mL。

(2)设定灰化、原子化温度和时间为实验第 2、第 3 步中所得最佳值。用微量取液器依次取标准系列溶液和水样在石墨炉原子吸收仪上测定,记录吸光度值(表 3-14)。

表 3-14 不同铅标准系列溶液和水样吸光度

溶液编号	1	2	3	4	5	6	水样Ⅰ	水样Ⅱ	水样Ⅲ
吸光度 A									
溶液浓度/ng·mL^{-1}	0	8.0	16.0	24.0	32.0	40.0			

五、数据处理

(1)根据实验数据,确定某一最佳时间,绘制灰化曲线和原子化曲线。
(2)列出选定铅的最佳温度和时间。

干燥温度:_____℃,时间_____ s。
灰化温度:_____℃,时间_____ s。
原子化温度:_____℃,时间_____ s。
清管温度:_____℃,时间_____ s。

(3)根据标准系列数据绘制铅的 $A-c$ 曲线,从工作曲线上查得水样中铅的含量值(ng/mL)。

六、问题讨论

(1)如果分析元素与基体在同一温度甚至略低的温度下同时挥发,可用什么方法消除基体对被测元素的影响?
(2)通常测试过程中总希望在原子化温度较低和时间较短的情况下操作,为什么?

实验二十三 石墨炉原子吸收光谱法测定血清中的铬

一、实验目的

(1)掌握石墨炉原子化器工作原理和使用方法。
(2)学习生化样品的处理方法。

二、方法原理

火焰原子吸收法在常规分析中被广泛应用,但因雾化效率低、火焰气体的稀释而使火焰中原子浓度降低、高速燃烧使基态原子在吸收区停留时间短。基于这些因素,火焰原子吸收法灵敏度受到一定限制。火焰原子吸收法至少需要 0.5~1mL 试液量,使对样品数量有限的分析任务会产生困难。因此,无火焰原子吸收法迅速发展,而高温石墨炉(HGA)原子化法是目前使用最多的一种原子化技术。

高温石墨炉原子化法利用高温(约3000℃)石墨炉,使试剂完全干燥、蒸发、充分原子化,试样利用率几乎达100%。自由原子在吸收区停留时间长,故灵敏度是火焰法的100~1000倍。试样用量仅 5~100μL,而且可以分析悬浮液和固体样品。它的缺点是干扰大,必须进行背景扣除,且仪器结构和操作比火焰法复杂,测试时间也较长。

用高温石墨炉原子化法测定血清中痕量元素时,灵敏度高,用样量少。同时为了消除基体干扰,采用标准加入法或配制于葡聚糖溶液中的系列标准溶液。

三、仪器设备与试剂材料

仪器:TAS-990G 型或 WFX110 型石墨炉原子吸收分光光度计。

试剂:0.100 0mg/mL 铬标准储备液(称取 0.373 5g 在 150℃干燥的 $K_2Cr_2O_7$ 溶于去离子水中,并定容于 1000mL 容量瓶)、质量分数 20%葡聚糖溶液。

四、实验步骤

1. 标准系列溶液的配制

(1)由 0.100 0mg/mL 铬标准储备液逐级稀释成 0.100μg/mL 铬标准溶液。

(2)在 5 个 100mL 容量瓶中分别加入 0mL、0.50mL、1.00mL、1.50mL、2.00mL 0.100μg/mL 铬标准溶液和 15mL 质量分数 20%葡聚糖溶液,用去离子水稀释至刻度,摇匀。

2. 设置仪器条件

按仪器操作方法,启动仪器,并预热 20min,开启冷却水和保护气体开关。仪器条件设置如下。

波长:357.9nm。

缝宽:0.7nm。

灯电流:3mA。

干燥温度:100~130℃。

干燥时间:40s。

灰化温度:1100℃。

灰化时间:30s。

斜坡升温灰化时间:120s。

原子化温度:2700℃。

原子化时间:4s。

清洗温度:2800℃。

洗清时间:2s。

其他:进行背景校正,进样量 50μL。

3. 测量

(1)标准溶液和试剂空白:调好仪器的实验参数,自动升温空烧石墨管调零;然后从稀至浓逐个测量空白溶液和标准系列溶液,进样量为 50μL,每个溶液测定 3 次,取平均值。

(2)血清样品:在同样条件下,测量血清样品 3 次,取平均值,每次取样 50μL。

4. 结束操作

实验结束时,按操作要求关好气源、水源和电源,并将仪器开关、旋钮置于初始位置。

五、数据处理

(1)绘制标准曲线,并由血清试样的吸光度从标准曲线上查得样品溶液中铬的浓度。
(2)计算血清中铬的含量($\mu g/mL$)。

六、问题讨论

(1)在实验中通氩气的作用是什么?
(2)配制标准溶液时,加入葡聚糖溶液的作用是什么?若不加葡聚糖溶液,还可用什么方法?

实验二十四　石墨炉原子吸收光谱法测定试样中痕量镉

一、实验目的

(1)学习石墨炉原子吸收光谱仪的操作技术。
(2)熟悉石墨炉原子吸收光谱法的应用。

二、方法原理

石墨炉原子吸收光谱法是采用石墨炉使石墨管升至2000℃以上的高温,让管内试样中的待测元素分解形成气态基态原子,由于气态基态原子吸收光谱仪的共振线,且吸收强度与原子含量成正比,故可进行定量分析。它是一种非火焰原子吸收光谱法。

石墨炉原子吸收法具有试样用量小的特点,方法的绝对灵敏度为火焰法的几个数量级,可达10^{-14}g,并可直接测定固体试样,但仪器较复杂、背景吸收干扰较大。在石墨炉中的工作步骤可分为干燥、灰化、原子化和除残渣4个阶段。

镉元素在样品中含量通常较低,质谱分析存在较严重的同质异位素干扰问题,利用石墨炉高灵敏度优点,可有效解决痕量镉的分析问题。

三、仪器设备与试剂材料

仪器:TAS-990G型或WFX110型石墨炉原子吸收分光光度计、石墨管。

试剂:1.00mg/mL镉标准储备液、0.025μg/mL镉标准工作液(取1.00mg/mL的镉标准储备液以逐级稀释法配制100mL,备用)。

四、实验步骤

1.设置测量条件

分析线波长:228.8nm。
灯电流:3mA。
通带宽度:1.3nm。

干燥温度和时间:80℃(或120℃),30s。
灰化温度和时间:300℃,30s。
原子化温度和时间:1500℃,4s。
清洗温度和时间:1800℃,2s。
氮气或氩气流量:100mL/min。

2. 制备镉标准工作液

分别取 1.00mL、2.00mL、3.00mL、4.00mL、5.00mL 镉标准工作液置于 25mL 容量瓶中,用二次蒸馏水稀释至刻度,摇匀,备用。

3. 测定吸光值

用微量进样器分别吸取 20μL 试样溶液、镉标准工作液注入石墨管中,并测出其吸光值。

五、数据处理

(1)以吸收光度值为纵坐标、以镉含量为横坐标绘制标准曲线。
(2)在标准曲线中,用试样溶液的吸光度查出相应的镉含量。
(3)计算试样溶液中镉的含量(μg/mL)。

六、问题讨论

(1)非火焰原子吸收光谱法具有哪些特点?
(2)石墨炉原子吸收分析的操作中主要应注意哪几个问题?为什么?

实验二十五 石墨炉原子吸收光谱法测定痕量金 (设计性实验)

一、实验目的

(1)熟悉石墨炉原子吸收分光光度计的使用方法。
(2)学习痕量金富集样品处理方法。

二、原理提示

金元素属于贵金属,在水样或地质样品中含量极低,直接用原子吸收法测定它的含量存在困难,通常采用先富集后用石墨炉原子吸收测定的方法。

在 Fe^{3+} 存在的情况下于(5+95)~(1+9)王水中用泡沫塑料吸附金,用 12g/L 硫脲溶液解脱,以抗坏血酸为基体改进剂,可用石墨炉原子吸收测定超痕量金。

三、实验要求

(1)查阅资料,了解地质类样品中痕量元素的富集方法。

(2)拟订实验方案,写出实验步骤。
(3)处理实际样品,完成测试。
(4)处理数据,完成实验报告。

四、问题讨论

(1)用火焰原子吸收法直接测定痕量金是否可行?为什么?
(2)讨论泡沫塑料吸附富集方法的特点。

实验二十六　原子荧光光谱分析测量条件的选择

一、实验目的

(1)掌握原子荧光光谱分析测量条件的选择方法。
(2)了解测量条件的相互关系及影响,确定各项条件的最佳值。

二、方法原理

在原子荧光光谱分析中,测量条件选择得是否正确,直接影响分析方法的检出限、精密度和准确度。本实验通过锑的原子荧光光谱分析测量条件的选择,如灯电流、载气流量等,确定这些测量条件的最佳值。

三、仪器设备与试剂材料

1. 仪器

PF6-2型原子荧光光谱仪。

2. 试剂

(1)砷标准储备液(1mg/mL):准确称取 1.320g 三氧化二砷(As_2O_3)溶解于 25mL 质量分数 20% 氢氧化钾(KOH)溶液中,用体积分数 20% H_2SO_4 稀释至 1000mL,摇匀。

(2)硫脲溶液(100g/L):称取 10g 硫脲(A.R.),加入 50mL 去离子水,低温加热溶解,用去离子水稀释至 100mL,摇匀。

(3)硼氢化钾溶液(10g/L):称取 2g 氢氧化钾溶于 200mL 去离子水,加入 10g 硼氢化钾(KBH_4)并使其溶解,用去离子水稀释至 1000mL,摇匀。

四、实验步骤

1. 实验溶液的配制

移取砷标准储备液,通过逐级稀释,配制 250mL 5ng/mL 的砷实验工作溶液,配制时要加入 25mL 体积分数 50%HCl 和 50mL 硫脲溶液。

2. 仪器初始参数

仪器初始参数设定参照表 3-15。

表 3-15 仪器初始参数表

条件	负高压/V	灯电流/mA	辅助灯电流/mm	原子化器高度/mm	载气流量/mL·min^{-1}	屏蔽气流量/mL·min^{-1}	读数方式	测量方法
参数	280	60	20	7	600	400	峰面积	标准曲线法

3. 条件选择试验

按仪器条件允许范围对灯电流(60~100mA)、载气流量(400~1000mL/min)等条件进行实验,数据填入表 3-16 中。

表 3-16 条件实验数据

灯电流/mA	60	70	80	90	100
荧光信号 I_F					
载气流量/mL·min^{-1}	400	600	800	900	1000
荧光信号 I_F					

五、数据处理

(1) 根据实验数据绘制各项参数对荧光强度的关系曲线。

(2) 在表 3-17 中列出选定砷测量条件的最佳参数。

表 3-17 仪器最佳工作参数

条件	负高压/V	灯电流/mA	辅助灯电流/mm	原子化器高度/mm	载气流量/mL·min^{-1}	屏蔽气流量/mL·min^{-1}	读数方式	测量方法
参数								

六、问题讨论

(1) 为什么载气流量太大时会使荧光信号下降?

(2) 原子荧光光谱仪与原子吸收分光光度计在结构上主要有哪些不同点?

实验二十七　氢化物发生-原子荧光光谱法测定砷

一、实验目的

(1) 学习原子荧光光谱仪的使用方法。
(2) 掌握用原子荧光光谱法测砷的方法原理。

二、方法原理

1. 原子荧光光谱法基本原理

在一定工作条件下，荧光强度 I_F 与激发光源辐射强度 I_0 和被测元素基态原子数 N 成正比，即：

$$I_F = \Phi A I_0 \varepsilon l N \tag{3-5}$$

式中：Φ 为荧光量子效率；除 N 外 A、ε、l 皆为常数。N 又与试样中被测元素浓度 c 成正比，因此原子荧光强度与元素浓度关系如下：

$$I_F = kc \tag{3-6}$$

2. 氢化物发生原理

$$KBH_4 + HCl + 3H_2O \longrightarrow KCl + H_3BO_3 + 8H\cdot \tag{3-7}$$

$$8H\cdot + AsO_3^{3-} + 3H^+ \longrightarrow AsH_3\uparrow + H_2\uparrow + 3H_2O \tag{3-8}$$

H·代表氢自由基。

三、仪器设备与试剂材料

1. 仪器

PF6-2 型原子荧光光谱仪。

2. 试剂

(1) 砷标准储备液(1mg/mL)：准确称取 1.320g 三氧化二砷溶解于 25mL 质量分数 20% 氢氧化钾溶液中，用体积分数 20% H_2SO_4 稀释至 1000mL，摇匀。

(2) 砷标准工作液(1μg/mL)：移取 1mL 砷标准储备液于 1000mL 的容量瓶中，用蒸馏水定容，摇匀。

(3) 硼氢化钾溶液(10g/L)：现配现用，称取 2g 氢氧化钾溶于 200mL 去离子水，加入 10g 硼氢化钾并使其溶解，用去离子水稀释至 1000mL，摇匀。

(4) 硫脲-抗坏血酸溶液：为硫脲和抗坏血酸各自质量分数 5% 的混合水溶液。

四、实验步骤

1. 砷标准溶液的配制

移取砷标准储备液逐级稀释配制成砷标准工作溶液(0.1μg/mL)。再移取 2.50mL

砷标准工作液于 25mL 的比色管中,分别加入 2.5mL 体积分数 50％HCl 和 5mL 硫脲-抗坏血酸,定容,摇匀,放置 5min,配制成 10ng/mL 的砷标准溶液。不用单独配制标准系列,仪器可根据软件设定要求以 10ng/mL 的砷标准溶液为最高浓度在线稀释成完整标准系列。

2. 水样的配制

吸取 2.5mL 水样于 25mL 的比色管中,以下处理同标准处理。

3. 仪器参数

按"实验二十六　原子荧光光谱分析测量条件的选择"选定的最佳参数设置。

4. 测试

按仪器的操作要求,测定标准系列及水样的荧光信号,并记录数据。

五、数据处理

计算机拟合出 I_F-c 标准曲线,并求出水样中砷的含量。

六、问题讨论

(1) 简述影响原子荧光测定的因素。

(2) 为什么不同价态的砷灵敏度有较大的差异？试述其机理。

(3) 为什么质量分数 1％硼氢化钾需要现配现用？溶液中加入少量氢氧化钾的作用是什么？

实验二十八　冷原子荧光法测定废水中痕量汞

一、实验目的

(1) 了解冷原子荧光法测定汞的基本原理和方法。
(2) 掌握冷原子荧光测汞仪的构造和操作。

二、方法原理

用 $SnCl_2$ 将试样中汞盐还原为汞原子,由于汞具易挥发性,无需经过火焰原子化过程,直接用氮气或氩气将汞蒸气带入吸收管进行测定,即冷原子荧光法。由于实际上它也是一种分离技术,因此没有基体干扰。

低压汞灯发出的光束照射在汞蒸气上,使汞原子激发而产生荧光,荧光强度与试样中汞含量成线性关系。

三、仪器设备与试剂材料

1. 仪器

冷原子荧光测汞仪、50 μL 微量进样器。

2. 试剂

(1) 汞储备液(0.100 0mg/mL)：准确称取 0.013 52g $HgCl_2$ 溶于去离子水中，定容于 100mL 容量瓶。

(2) 汞标准溶液：用吸管吸取 5mL 汞储备液于 100mL 容量瓶中，加入 8mL 体积分数 50% H_2SO_4 和 0.5mL 质量分数 2%无汞 $KMnO_4$ 溶液，用去离子水稀释至刻度，摇匀。该溶液汞浓度为 5.00μg/mL。再将此溶液照此法稀释 10 倍，得 0.500μg/mL 汞标准溶液。

(3) $SnCl_2$ 溶液：称取 10g $SnCl_2$，加入 10mL 浓 HCl，加热溶解，用去离子水稀释至 100mL。

(4) 其他试剂：浓 H_2SO_4、质量分数 2% $KMnO_4$ 溶液。

四、实验步骤

1. 开机及准备

按仪器操作方法，开启仪器，预热 30min，用空白溶液清洗还原瓶。

2. 标准曲线的测绘

在 5 个还原瓶中，加入 1mL $SnCl_2$ 溶液和 4mL 体积分数 5% HNO_3，用微量进样器分别注入 10.0μL、20.0μL、30.0μL、40.0μL、50.0μL 0.500μg/mL 汞标准溶液，按操作方法进行测量。

3. 样品溶液的制备和测定

将水样滤去悬浮物，取 50mL 该水样于锥形瓶中，加 10mL 体积分数 50% H_2SO_4 和 1mL 质量分数 2% $KMnO_4$，加热至微沸进行消解，加热过程中若 $KMnO_4$ 颜色褪去，应补加 1mL 质数分数 2% $KMnO_4$ 溶液，直至不褪色。冷却，转移至 100mL 容量瓶中，用去离子水稀释至刻度线，摇匀。取 50μL 稀释后样品溶液，与标准曲线同样条件下测定样品溶液的荧光强度。

五、数据处理

(1) 绘制汞的标准曲线。

(2) 根据样品溶液的荧光强度，从标准曲线上查出试液中汞的浓度，并计算废水的汞含量。

六、问题讨论

(1) 比较原子吸收分光光度计和原子荧光光度计在结构上的异同点，并解释其原因。

(2) 每次实验还原瓶中各种溶液总体积是否要严格相同？为什么？

实验二十九　氢化物发生-原子荧光法测定矿石中痕量锑(设计性实验)

一、实验目的

(1) 熟悉氢化物发生原子荧光仪的使用方法。
(2) 了解原子荧光法测试复杂地质样品中的干扰问题。
(3) 掌握氢化物发生原子荧光测定锑的方法。

二、原理提示

在矿石样品中锑均以高价离子态存在,在盐酸介质中加入硫脲-抗坏血酸混合还原剂,Sb(Ⅴ)会还原为Sb(Ⅲ)。进入氢化物发生器,以HCl溶液为载液,以硼氢化钾溶液为还原剂,生成气态的锑化氢,进入氩氢火焰中原子化。锑基态原子接受元素灯发射光激发产生原子荧光,测量此原子荧光信号的相对强度,在一定浓度范围内其含量与原子荧光的相对强度成线性关系。

可能共存的金属离子如 Cu^{2+} 和 Co^{2+} 等能被硼氢化钾还原,吸附待测元素形成的氢化物,并与之共沉淀,产生负干扰。加入抗坏血酸和硫脲可消除几乎所有阳离子的干扰。能发生还原反应形成氢化物的金属元素之间可能产生互相影响,产生正干扰。可根据测定元素选择不同元素灯产生特定波长的激发光,提高测定的选择性,基本可以消除不同元素氢化物的互相干扰。

三、实验要求

(1) 查阅资料,了解锑矿石样品的处理方法。
(2) 拟订实验方案,写出实验步骤。
(3) 处理实际样品,完成测试。
(4) 处理数据,完成实验报告。

四、问题讨论

(1) 氢化物发生原子荧光法中的主要干扰有哪些?如何消除?
(2) 为了促进锑的还原可加入铁盐,探讨其原理。

实验三十 茶叶中不同形态砷的分离测定

一、实验目的

(1) 了解液相色谱分离原理。
(2) 了解形态分析仪的基本结构及使用方法。
(3) 掌握用原子荧光光谱法测砷形态的方法原理。
(4) 了解原子荧光光谱仪的基本结构及使用方法。

二、方法原理

砷普遍存在于各种环境介质中,是元素周期表中第四周期第 V 主族的类金属元素,在地壳中的丰度排第 20 位。在环境和生物体中,砷的化合物形态大约有 50 种。砷及其化合物的毒性、生物有效性及迁移释放活性与其形态和赋存状态密切相关,不同形态砷的环境毒理学性质迥异。砷总量的测定不足以评价其毒性、有益性及生物有效性,甚至有可能产生误导。因此,只有测定砷元素在特定样品中的存在形态,才能可靠地评价其对环境和生态体系的影响。

高效液相色谱的工作原理:携带试样混合物流过固定相的流体(气体或液体),称为流动相。溶于流动相中的各组分经过固定相时,与固定相发生相互作用。由于混合物中各组分在结构和性质上的差异,与固定相之间产生的作用力(吸附、分配、离子吸引、排阻、亲和)大小、强弱不同,随着流动相的移动,混合物在两相间经过反复多次的分配平衡,使得各组分被固定相保留的时间不同,从而按一定次序由色谱柱出口流出。可与适当的柱后检测方法结合,实现混合物中各组分的分离与检测。

原子荧光光谱仪工作原理见本章"实验二十七 氢化物发生-原子荧光光谱法测定砷"。

式(3-8)中生成的 AsH_3 在载气的传输作用下,于火焰原子化器中燃烧原子化,形成自由原子态砷,砷原子蒸气受到高强度空心阴极灯光源照射,处于基态的砷原子被激发到高能态,返回到基态时辐射出共振荧光,此荧光信号强度与砷的溶液浓度成正比。

利用色谱与原子光谱联用技术,通过高效液相色谱进行不同形态砷分离后,在紫外光照射及氧化剂存在的条件下进行在线消解,然后送入氢化物发生-原子荧光光谱仪中进行检测,可很好地实现各种形态砷的分离测定。

本实验采用高效液相色谱-氢化物发生-原子荧光光谱法(HPLC-HG-AFS)分离测定亚砷酸根 As(Ⅲ)、砷酸根 As(Ⅴ)、一甲基砷酸(MMA)、二甲基砷酸(MMA)4 种砷的形态。该方法分离速度快,仪器测定砷的灵敏度好、检出限低,采用氢化物发生技术还可以大大消除来自样品的化学干扰和背景光谱干扰。HPLC-HG-AFS 联用系统已经被成功应用于大量环境和生物样品中砷形态分析。

三、仪器设备与试剂材料

1. 仪器

AFS-933 原子荧光光度计和 SA-10 形态分析仪(北京吉天仪器有限公司)、阴离子交换柱 Hamilton PRP-X100 (250mm×4.1mm i.d.,10μm)、保护柱 Hamilton PRP-X100 (25mm×2.3mm i.d.,12~20μm)、超声波振荡器、pH 酸度计、砷空心阴极灯、微量进样器(100μL)。

2. 试剂

(1) 亚砷酸根标准储备液[As(Ⅲ)]:AsO_3^{3-},为 1mg/L。

(2) 砷酸根标准储备液[As(V)]:AsO_4^{3-},为 1mg/L。

(3) 一甲基砷酸标准储备液(MMA):$CH_3AsNa_2O_3 \cdot 6H_2O$,为 1mg/L。

(4) 二甲基砷酸标准储备液(DMA):$(CH_3)_2AsO_2H$,为 1mg/L。

(5) $NaBH_4$ 溶液(20g/L):称取 5g 氢氧化钠(NaOH)溶于 200mL 去离子水中,加入 15g 硼氢化钠($NaBH_4$)并使其溶解,用去离子水稀释至 1000mL,搅拌均匀,现配现用。

(6) 体积分数 7%HCl:量取 70mL 浓 HCl,用水定容至 1L。

(7) 体积分数 4%甲酸:量取 4mL 纯甲酸溶液,用水定容至 100mL。

(8) $(NH_4)_2HPO_4$ 溶液(10mmol/L):称取 1.980 9g $(NH_4)_2HPO_4$ 溶于 1.0L 水中,用体积分数 4%甲酸调 pH 为 6.00,经过 0.45μm 滤膜过滤,超声脱气 10min。

(9) 其他试剂:实验所用水为超纯水。

四、实验步骤

1. 样品前处理

称取两份 0.5g 茶叶样品,同时做样品空白,分别加入 20mL 体积分数 70%甲醇作为提取剂,混匀后置于超声波振荡器中室温超声提取 90min,然后在 4000r/min 下离心率 20min,倒出上清液置于比色管中,在 60℃下氮吹(氮气浓缩)至约剩下 2mL,冷却后用超纯水稀释,定容至 5mL,然后通过 0.45μm 的滤膜过滤,滤液用形态分析仪进行形态分析。

2. 标准系列溶液的配制

(1) 单标的配制:分别准确移取 4 种砷的标准储备液各 1.00mL 于 10mL 的比色管中,用超纯水稀释至10.00mL,摇匀,待用。配制浓度分别为 100μg/L 砷的 4 种不同形态的标准溶液。

(2) 混合标准溶液的配制:配制方法如表 3-18 所示,分别准确移取 4 种 1mg/L 砷的标准储备液各 2.00mL 于 4 支 10mL 的同种比色管中,用超纯水稀释至10.00mL,配制成各浓度均为 200μg/L 砷的混合标准溶液,摇匀,待用。

(3) 混合标准系列的配制:配制方法如表 3-19 所示,分别移取 0.50mL、1.00mL、1.50mL、2.00mL、2.50mL 200μg/L 砷的混合标准溶液,用超纯水定容至 5mL,配制成浓度分别为 20μg/L、40μg/L、60μg/L、80μg/L、100μg/L 砷的混合标准溶液,分别摇匀,待用。

表 3-18 砷形态混合标准溶液的配制

标准储备液	As(Ⅲ)	As(V)	DMA	MMA
取样量/mL	2	2	2	2

表 3-19 配制混合标准系列

混合标准溶液的浓度/$\mu g \cdot L^{-1}$	20	40	60	80	100
称取(200μg/L)混合标准溶液量/mL	0.50	1.00	1.50	2.00	2.50
定容总体积/mL	5.00	5.00	5.00	5.00	5.00

3. 仪器测试

1) 色谱柱的平衡

(1) 将滤头放入事先配制好的流动相之内,然后打开形态预处理主机的电源,将排空阀逆时针拧松半圈,长按"hplc"按钮,屏幕会自动进入"purging"(高速排废界面),出现排废 120s 倒计时,时间到零后泵自动停住。

(2) 屏幕自动跳入到液相操作界面,然后顺时针旋紧排空阀,压紧所用到的蠕动泵甬管压块,短按"hplc"按钮,高压泵开始运行,观察柱压是否正常,色谱柱开始平衡,保证色谱柱最少平衡 30min 以上。

2) 仪器预热

(1) 打开电脑,进入到正常桌面,然后在 AFS 端换上砷的元素灯,打开仪器电源,并调光。

(2) 双击桌面上的软件图标,设置数据参数(表 3-20)。具体操作为:①点击"数据检测"按钮,仪器进入测量界面,点击"联机通讯",观察软件是否显示联机正常;②点击"元素识别",点击"不用的灯道",然后选择"none",点"确定";③点击"仪器条件参数设置",按表 3-20 设置,点击"传送参数",点击"设定";④点击"采集参数设置",选择所要保存的路径以及名称排,点击"设定";⑤点击点火图标,给电炉丝通电;⑥点击测量按钮,仪器开始测量,使之检测最少 30min,对灯进行预热。

3) 分离测定

(1) 打开氩气瓶开关,使分压表压力在 0.2～0.3MPa 之间,所需的试剂放到对应的管路,排废管置于废液桶。

(2) 点击屏幕下方的 p/s 按钮,使蠕动泵运行(注意观察溶液是否正常进入泵管)。

(3) 点击软件上的测量按钮,开始进行测定。待基线至平稳时后,开始注入标准溶液,先测定砷形态的单标,根据各个形态的保留时间进行定性,然后再测定砷的混合标准系列和样品溶液,进行定量分析。

表 3-20 无机砷测定的 HPLC-HG-AFS 条件

分析方法	分项	参数值
HPLC	色谱柱(column)	Hamilton PRP-X100 (250mm×4.1mm i.d., 10μm)
HPLC	保护柱(guard column)	Hamilton PRP-X100 (25mm×2.3mm i.d., 12~20μm)
HPLC	流动相(mobile phase)	15mmol/L $(NH_4)_2HPO_4$
HPLC	流动相 pH(pH vlue of mobile phase)	6.00
HPLC	进样体积(injection volume)	20μL
HG-AFS	还原剂(reductant)	质量分数 2.0% $NaBH_4$ + 质量分数 0.5% NaOH
HG-AFS	负高压(PMT voltage)	280V
HG-AFS	载气(carrier gas)	400mL/min
HG-AFS	载流(carrier solution)	体积分数 10% HCl
HG-AFS	灯电流(HCL current)	100mA
HG-AFS	屏蔽气(shield gas)	600mL/min

五、数据处理

(1)根据不同形态砷的单标的保留时间,确定每种形态对应的信号峰。
(2)根据混合标准系列溶液所测得的荧光强度,绘制标准曲线。
(3)计算茶叶中不同形态砷的含量(μg/g)。

六、问题讨论

(1)讨论在元素形态分析中区分确定各形态信号峰的方法。
(2)讨论影响分析峰形的因素。
(3)形态分析仪在测定过程中为什么要进行在线消解?

第四章 X射线荧光光谱法

实验三十一 波长色散X射线荧光光谱法岩石矿物样品定性、半定量分析

一、实验目的

(1)学习了解X射线荧光仪的工作原理。
(2)学习掌握X射线荧光固体粉末制样和高温熔融制样方法。
(3)学习应用X射线荧光法进行物质定性、半定量的分析方法。

二、方法原理

X射线荧光光谱分法(简称XRF)具有多元素同时分析、制样简单、分析速度快、分析浓度范围宽等众多优点,可以快速完成未知样品的定性、半定量及精确定量分析,是地质、环境、材料、化学等领域重要的化学成分分析手段。它的基本原理是:组成物质元素在初级X射线的照射下,其内层电子被激发逐出留下"空穴",当能量较高的外层电子跃迁至该层并填充"空穴"时,跃迁至内层的电子多余的能量以电磁波辐射(X光)的形式释放出来,该电磁波辐射即为X射线荧光。因为该电磁波的波长(能量)与原子层能级结构有关,可以通过Moseley定律建立原子序数与波长之间的关系,进而可以实现物质(元素)的识别,再通过测量X射线的荧光强度可以建立与物质之间的定量关系,从而实现未知物的定性与定量分析。

Moseley定律公式如下:

$$(1/\lambda)^{1/2} = K(Z-S) \tag{4-1}$$

式中:λ为X射线波长;Z为原子序数;K、S均为常数,随谱系(K,L,M,N)而定。

常规X射线荧光光谱仪分为波长色散和能量色散两种类型。其中,波长色散型仪器以天然或人工晶体作为X光的分光元器件,可实现不同波长X光的分辨,它具有很高的波长分辨率,进而具有很强的复杂物质鉴别能力,但其由于光学部件和其他组件结构复杂,通常仪器体积较大、能耗较高;能量色散型的仪器直接以X射线光子的能量进行X光波长(能量)的鉴别,因此这类仪器无光学分光部件,设计更简单、紧凑,所需X光管功耗较低,但其光谱分辨能力比波长色散原理的仪器弱。

X射线荧光光谱法可接受的样品类型包括固体、液体、气体等,但最常见的进样方式是

直接固体进样。如果样品本身组成均匀,可以过简单的切割和抛光,制成仪器进样盒能接受的尺寸大小"块样"即可;如果样品组成不均匀,如天然矿石、土壤、水系沉积物等,则可以通过粉碎设备碎至粒度小 200 目($74\mu m$),再用压力或高温熔融的方式制成仪器进样盒能接受尺寸大小的"样片"即可。

大型波长色散 X 射线荧光光谱仪配备有功能完备的定性和定量分析软件,以及各种色散晶体相对应的谱线数据库,只需要获取待测样品的 X 射线光谱后,分析软件可以完成谱线自动识别,进而鉴别出相关化学元素组成。

三、仪器设备与试剂材料

仪器:岛津 XRF-1800 荧光光谱仪或帕纳克 AXIOS^{mAX} X 荧光光谱仪、液压制样机、高频熔融制样机。

试剂:无水 $Li_2B_4O_7$、LiF、NH_4NO_3、LiBr、微晶纤维素和硼酸(均为分析纯试剂),另有岩石成分分析标准物质(产品编号 GBW07105 或 GBW07109)。

四、实验步骤

(1)样品/标样准备:将粒度小于 200 目的样品或标样置于烘箱中,于 105℃烘干 2h,后转入干燥器中备用。

(2)粉末压饼制样:称取 5g 样品置于塑料压样品环中,在 30MPa 压力下,压力保持 1min 制样。对于黏性差、难以在单纯压力下成形的样品,采用先在样品环中加入 0.5g 微晶纤维素或硼酸垫底,再进行压力制样。标样也采用相同方法制成样片。样品和标样分别标记样片名为 P-US(样品)和 P-SS(标样)。

(3)高温熔融制样:高频熔融炉 1000℃下熔融制片,各试剂用量如表 4-1 所示。

表 4-1 各试剂用量表

试剂	用量
无水 $Li_2B_4O_7$	$(5.400\pm0.001)g$
LiF	$(0.600\pm0.001)g$
NH_4NO_3	$(0.30\pm0.01)g$
样品/标样	$(0.6000\pm0.0001)g$
LiBr	4 滴(体积分数 1.5%)

依照以上条件、取样量及各试剂用量,按照高频熔融炉的操作流程制作样品和标准样品的熔融样片,分别标记为 M-US(样品)和 M-SS(标样)。

(4)仪器参数设定和测量:将已经制取的 4 个样片分别置入仪器的"进样盒",按照表 4-2设定的仪器工作参数(表为 XRF-1800 荧光光谱仪的工作参数,其他型号仪器据实际情况设定),选取定性、半定量测试方法进行测量,获取各样品谱图及半定量数据。

表 4-2 仪器工作参数表

条件	参数值
X 光管靶材	Rh 靶
测试功率	2500W(50kV/-50mA)
光栏	30mm
仪器恒温	35°C

五、数据处理

(1)获取 4 个样片的全波长扫描谱图,并进行波长(元素)峰位、峰强度、峰数目比较。

(2)依据软件测试结果填写以下表格(表 4-3)。

表 4-3 软件测试结果

样品		P-SS	P-US	M-SS	M-US
识别出元素数目/个					
不同元素含量	元素 1				
	元素 2				
	元素 3				
	元素 4				
	元素 n				

(3)把标样 P-SS 和 M-SS 所识别出的元素种类及含量与标准样品的《岩石成分分析标准物质》中的成分及含量进行比对。

六、问题讨论

(1)从元素激发的原理,讨论 X 光管的工作电压、电流对测试结果的影响。

(2)粉末压片制样与高温熔融制样分别适合什么测试需求?它们对结果的影响有什么不同?

(3)标准样品的测试结果与《岩石成分分析标准物质》进行对比有时会出现较大差异,为什么?

(4)在熔融制样中用到了 LiF 和 LiBr 这两种物质,它们分别起什么作用?

(5)讨论 X 射线荧光光谱法与原子发射光谱法进行未知物定性分析的特点。

实验三十二　熔融制样 X 射线荧光光谱法定量分析地质样品中 10 种主量元素氧化物

一、实验目的

(1) 巩固 XRF 光谱仪器和高温熔融制样操作。
(2) 了解 XRF 中复杂基体效应和基体效应的常见校正方法。
(3) 学习复杂地质样品中 10 种主量指标元素氧化物含量的定量分析方法。

二、方法原理

常规地质样品 10 种主量指标元素氧化物成分分析包括 SiO_2、Al_2O_3、TFe_2O_3、MgO、CaO、Na_2O、K_2O、TiO_2、P_2O_5、MnO。这些元素含量数据是日常地球科学相关领域研究过程中所需的基础数据。

由于天然地质样品组成复杂、成分含量变化范围大，在被初级 X 射线同时激发时，各成分产生的荧光光谱彼此之间会产生不同程度的增强与吸收效应；样品的粒度和矿物组成不同，使得样品与标准激发的荧光强度产生明显差异；此外，元素谱线波长重叠也会对荧光强度测量产生影响。前二者通常称为测量过程中的基体效应或基体干扰，而后者通常称为谱线干扰。这些干扰的存在将对最终测试产生明显影响，在精确的定量分析中这种影响所产生的误差会非常严重，甚至得到的错误结果。

针对 X 射线荧光分析基础理论，科学家专门针对基体干扰问题进行了详细研究，在通常的实验校正不能获得满意结果的情况下，建立了丰富的数学校正方法。基本思路是：通过大量与待测样品基体相似的标准样品的测试，建立含量与强度相关的高维方程组，通过反复迭代计算出各成分(元素)之间的影响系数，从而组成一个增强吸收效应校正系数矩阵，然后对待测样品的结果进行校正。典型的校正模型是基于 Sherman 方程所建立的各种数学校正方法，包括 L/P 模型(Lucas-tooth-Pyne)、DJ 模型(De Jough)、R/H 模型(Rasberry-Heinrich)、JIS 模型、L/T 模型(Lachace-Traill)、C/Q 模型(Claisse/Quintine method)、综合模式等。

测试过程中的粒度效应和矿物效应可以通过把样品制作成均匀的玻璃样片加以消除。因为高温熔融条件可以充分破坏样品的颗粒和矿物成分，使样品组成更加均匀，并完全消除矿物粒度效应影响。

对于成分(元素)荧光谱线重叠干扰可以利用经典谱线重叠校正方法进行处理，但现代 XRF 仪器分析软件可以把这一干扰作为基体效应干扰之一来进行综合考虑。

三、仪器设备与试剂材料

仪器：岛津 XRF-1800 荧光光谱仪或帕纳克 AXIOS^{mAX} X 荧光光谱仪、高频熔融制样机。

试剂：无水 $Li_2B_4O_7$、LiF、NH_4NO_3 和 $LiBr$（均为分析纯试剂），以及若干岩石、土壤、沉积物标准样品（GBW071XX 系列、GBW073XX 系列及 GBW074XX 系列）。

四、实验步骤

(1) 样品/标样准备：将粒度小于 200 目的样品或标样置于烘箱中，于 105℃ 烘干 2h，后转入干燥器中备用。

(2) 高温熔融制样：高频熔融炉 1000℃ 下熔融制片，各试剂用量如表 4-1 所示。

依照以上条件、取样量及各试剂用量，按照高频熔融炉的操作流程制作标准样品和待测样品的熔融样片，分别标记为"STD_××"（标准样品）和"SS_××"（待测样品）。

(3) 将已经制取的标准样片分别置入仪器的"进样盒"，按照表 4-2 设定的仪器工作参数（表为 XRF-1800 荧光光谱仪的工作参数，其他型号仪器据实际情况设定），建立定量分析方法，并测试标准系列样片。

(4) 完成标准样片测试后，在软件中选用 L/T 模型（Lachace-Traill）作为基体校正数学模型，通过不断调整校正元素种类获取最佳基体校正模型参数（校正系数矩阵）。

(5) 用获取了校正模型参数（校正系数矩阵）的分析方法，进行未知样品测试。

五、数据处理

(1) 在仪器分析软件中查看所建立方法的基体效应校正数学模型对应的校正系数矩阵。

(2) 从软件分析结果中获取所有 10 种主量指标元素氧化物的分析结果，并进行总量求和。

六、问题讨论

(1) 讨论为什么在 XRF 分析中通常会出现较严重的基体效应及与制样方式之间的关系。

(2) 用标准样品通过数学模型进行基体效应校正对所选校准样品有什么要求？为什么？

(3) 用数学模型进行基体效应校正，选取的标准样品数量与待测样品数量之间是什么关系？为什么？

实验三十三　粉末压片 X 射线荧光光谱法测量铁矿石主、次量元素（设计性实验）

一、实验目的

(1) 练习巩固粉末压片制样方法。
(2) 进一步理解基体效应数学校正模型原理和作用。
(3) 学习 XRF 法进行全元素分析的方法。

二、原理提示

(1)样品预处理：压片法存在明显粒度效应，样品处理粒度要小于 200 目。

(2)难成型样品处理：用硼酸垫底或加入微晶纤维素的方法进行压片。

(3)标准系列选取：标准样品与待测样品基体匹配是经验系数法数学校正结果准确的前提，因此需要依据待测样品的大致组成挑选合适标准样品系列。

(4)选择基本校正元素：实际样品基体复杂，需要分析元素多，在选择基体校正元素时注意控制数量，并不是参与校正的元素越多越好。

三、实验要求

(1)查阅文献，了解各种铁矿石的大致组成情况，并依据实际待测样品来确定所需要的标准样品。

(2)尝试在仪器软件中预置的不同基体效应数学校正模型，选择合适的模型用于测试方法建立。

(3)用标准样品作为未知样进行方法可靠性验证。

四、问题讨论

(1)为什么实验中要用到的标准样品数量非常多(通常都在 20 个以上)？

(2)讨论相较于高温熔融法，粉末压片法有哪些优势和不足。

第五章 电感耦合等离子体质谱法

实验三十四 电感耦合等离子体质谱仪测定水样中痕量铅、铜、镉、锌、铬等元素

一、实验目的

(1) 了解电感耦合等离子体质谱仪(ICP-MS)工作的基本原理和特点。
(2) 了解电感耦合等离子体质谱仪(ICP-MS)的仪器结构。
(3) 学习掌握 ICP-MS 多元素同时测定的试验方法及操作。

二、方法原理

在电感耦合等离子体质谱仪(ICP-MS)中,ICP 为质谱的高温离子源。样品在等离子体中心通道中经历干燥、蒸发、解离、原子化、电离等过程,被电离的待测物通过采样锥和接口锥传输进入质谱仪真空室,经过离子透镜聚焦,然后进入质量分析器中按质荷比分离,最终进入离子倍增器进行检测。依据各物质质谱峰的位置及计数强度与元素浓度的关系,进行试样中元素的定性和定量分析。

质谱仪的质量分析器分为四极杆、飞行时间、磁分离、回旋共振等多种不同结构,其实现原理各不相同。最常见的是四极杆快速扫描质谱仪,通过在两两相对金属杆上加载特定的扫描电压,高速顺序扫描分离测定所有离子。仪器扫描元素质量数范围从 3 到 300,可测定周期表 90% 的元素及同位素,浓度线性动态范围达 6 个数量级以上。因此,与传统无机分析技术相比,电感耦合等离子体质谱技术具有最低的检出限、最宽的动态线性范围、干扰最少、分析精密度高、分析速度快、可进行多元素同时测定及可提供精确的同位素信息等分析特性。

ICP-MS 应用广泛:①通过谱线的质荷比进行定性分析;②通过谱线全扫描测定所有元素的大致浓度范围,即半定量分析,不需要标准溶液,多数元素测定误差小于 20%;③用标准溶液校正而进行定量分析;④同位素比测定,这是 ICP-MS 的一个重要功能,可用于地质学、生物学和中医药学研究上追踪来源的研究及同位素示踪。

本实验利用电感耦合等离子体质谱仪多元素同时分析能力进行水样中痕量重金属铅、铜、镉、锌、铬等元素的测定。

三、仪器设备与试剂材料

1. 仪器

使用 Elan DRC-e 或 Agilent-7900 电感耦合等离子体质谱仪,仪器工作主要参数(以 Elan DRC-e 为例)如下。

等离子体气流量:15L/min。
辅助气流量:1.2L/min。
雾化气流量:1.1L/min。
高频发生器功率:1100W。
离子透镜电压:6V。
蠕动泵转速:18r/min。

2. 试剂

混合标准储备液(1000ng/mL)、体积分数 2% HNO_3 溶液。

四、实验步骤

1. 5ng/mL、25ng/mL、50ng/mL、100ng/mL 混合标准系列溶液的配制

分别移取 0.5mL、1.0mL 混合标准储备液(1000ng/mL)于 10mL 比色管中,用体积分数 2% HNO_3 定容,配制成 50ng/mL、100ng/mL 的标准溶液。再从已配制好的 100ng/mL 标准溶液中分别移取 0.5mL、2.5mL 于 10mL 比色管中,用体积分数 2% HNO_3 定容,配制成 5ng/mL、25ng/mL 的标准溶液。体积分数 2% HNO_3 介质作为标准空白。

2. 水样的配制

移取 2mL 水样于 10mL 的比色管中,用体积分数 2% HNO_3 定容。体积分数 2% HNO_3 介质作为样品空白。

3. 仪器测试操作

(1)开启气阀、循环水机、调整好进样系统。

(2)在桌面点击"Elan"图标。点击软件上的"Instrument"图标,在"Instrument Front Panel"上点击"Plasma Start"。点炬成功后将进样管放入体积分数 2% HNO_3 中冲洗,等待 5~10min 稳定。

(3)建立方法,按仪器的操作要求分析标准空白和样品。

五、数据处理

(1)观察记录不同质荷比离子信号数据。
(2)根据所测标准系列计数值与浓度绘制工作曲线。
(3)根据工作曲线计算水样中铅、铜、镉、锌、铬等元素的含量。

六、问题讨论

(1) 比较 ICP-MS 与 ICP-AES 中 ICP 的功能有何不同。
(2) 为什么 ICP-MS 谱线干扰远比 ICP-AES 中少得多?
(3) 讨论在 ICP-MS 分析中存在干扰的主要类型及消除方法。
(4) 讨论在 ICP-MS 分析中轻质量数元素与重质量数元素存在哪些差异。

实验三十五 王水溶样-电感耦合等离子体质谱法测定硅酸盐岩石中砷、锑、铋、银、镉、铟

一、实验目的

(1) 学习 ICP-MS 内标法测定原理。
(2) 学习用王水溶解处理地质样品的方法。
(3) 学习了解 ICP-MS 多元素同时测定的干扰情况。

二、方法原理

ICP-MS 具有极高灵敏度、背景低、干扰较少的优点,特别适合于地质类样品中痕量及超痕量元素的分析。王水溶样-电感耦合等离子体质谱法可测定砷、锑、铋、银、镉、铟,因王水只能溶解极少量锆、锡,因而解决了准确测定银的问题,并改善了镉的测定。

在沸水浴中,用王水溶样 2h,稀释后用 ICP-MS 测定。这种方法适用于岩石、矿石、土壤和水系沉积物中砷、锑、铋、银、镉、铟的测定,测定下限为 $0.01\sim1\mu g/g$,不同分析元素选用的同位素、测定限及干扰信息见表 5-1。

注意事项:

(1) 本法的主要优点是王水只能溶解很少量的锆和锡,从而避免了锆的氧化物和氢氧化物对痕量银测定的严重干扰,也减少了锡对镉和铟测定的同质异位素干扰,但仍然要对少量锆和锡的干扰进行校正。一般银的分析方法要用氢氟酸将硅酸盐分解,该方法用王水分解,测定 37 种岩石、土壤及水系沉积物标准物质中的银含量,绝大多数结果与标准值符合很好,只有《水系沉积物成分分析标准物质》(GBW07310)(GSD-10 水系沉积物,含 SiO_2 为 88.89%)的结果偏低,原因待查。王水溶样测定银可靠性的认可最终需要长期分析实践的验证。

(2) 测定溶液为体积分数 20% 的王水介质,含有大量氯离子。干扰砷的测定,可以由计算机在线扣除。如果采用逆王水分解试样,可减少氯离子干扰,降低砷的测定限,改善痕量砷测定的准确度。由于氯离子的减少会使锑发生水解,当锑含量为微克每克级以上时,其检测结果会偏低 50%。所以,当需要分析锑时必须使用王水分解试样。

(3) 王水分解是一种偏提取方式,不能破坏硅酸盐晶格,所以锑为部分溶出。但地质调查工作中确定锑的标准方法时大多采用此分解方式,并有大量的标准物质定值数据,所以本

方法仍然以王水分解试样测定锑。

(4)一般塑料制品的添加剂都含有锑,可被稀酸溶液少量浸出。若用塑料容器需立即测定,放置时间不要超过5d。

表5-1 被分析元素选用的测定同位素、测定限及干扰

分析同位素	测定限(10s)/$\mu g \cdot g^{-1}$	干扰	干扰扣除方式	干扰系数
^{75}As	0.2	$^{40}Ar^{35}Cl$	实时	$I_{75}: -3.129 \times I^{40}Ar^{37}Cl$; $I_{77}: -0.826 \times I^{82}Se$; $I_{82}: -1.001 \times I^{83}Kr$
^{107}Ag	0.01	$^{91}Zr^{16}O$, $^{90}Zr^{16}O^{1}H$	脱机	~0.0003
^{111}Cd	0.01	$^{94}Zr^{16}O^{1}H$	脱机	~0.001
^{114}Cd	0.01	^{114}Sn	实时	$I_{114}: -0.0846 \times I_{117Sn}$
^{115}In	0.005	^{115}Sn	实时	$I_{115}: -0.0442 \times I_{117Sn}$
^{123}Sb	0.01			
^{209}Bi	0.005			

注:①表中所列测定限是在调试溶液计数率为$2 \times 10^4 s^{-1}$时得出,仪器型号或操作条件改变时检出限应根据实测得出;②测定限按取样0.5g,稀释倍数500倍求出;③脱机干扰系数为略值,其准确值根据实际测定值求出。每批测定同时分析干扰元素Zr标准溶液,以获得干扰系数I(干扰系数I=被干扰元素表观浓度/干扰元素浓度,校正后结果=测定结果-干扰元素浓度$\times I$),测定完成后,对各元素检测结果进行脱机校正,实时扣除干扰的数据由计算机直接给出校正后结果。

三、仪器设备与试剂材料

1. 仪器

使用 Elan DRC-e 或 Agilent-7900 电感耦合等离子体质谱仪,仪器工作主要参数(以Dlan DRC-e 为例)如下。

等离子体气流量:15L/min。

辅助气流量:1.2L/min。

雾化气流量:1.1L/min。

高频发生器功率:1100W。

离子透镜电压:6V。

蠕动泵转速:18r/min。

2. 试剂

试剂有浓 HNO_3、浓 HCl。试剂纯度为高纯或 MOS 级,再经双瓶亚沸蒸馏纯化。BVⅢ级试剂可不经纯化。所用水为经纯化水系统处理达到 $18M\Omega \cdot cm$ 的纯水。另外,还需配制砷、锑、铋、镉、铟、银、铑、铼单元素标准储备液(或内标储备液)。

砷标准储备液：$\rho(As)=1.00mg/mL$，称取 0.132 0g 高纯三氧化二砷(As_2O_3)置于烧杯中，加少量水润湿，滴加氢氧化钠(NaOH)溶液至三氧化二砷刚好溶解，加入 20mL(1+1) HNO_3，移入 100mL 容量瓶中，用水稀释至刻度，摇匀。

锑标准储备液：$\rho(Sb)=1.00mg/mL$，称取 0.119 8g 高纯三氧化二锑(Sb_2O_3)置于烧杯中，加入 20mL(1+1)HCl，低温加热至溶解，冷却后移入 100mL 容量瓶中，用(1+1)HCl 稀释至刻度，摇匀。

铋标准储备液：$\rho(Bi)=1.00mg/mL$，称取 0.111 5g 高纯三氧化二铋(Bi_2O_3)置于烧杯中，加入 20mL(1+1)HNO_3，低温加热至完全溶解，冷却后移入 100mL 容量瓶中，用水稀释至刻度，摇匀。

镉标准储备液：$\rho(Cd)=1.00mg/mL$，称取 0.114 2g 高纯氧化镉(CdO)置于烧杯中，加入 20mL(1+1)HNO_3，加热至溶解，冷却后移入 100mL 容量瓶中，用水稀释至刻度，摇匀。

铟标准储备液：$\rho(In)=1.00mg/mL$，称取 0.100 0g 高纯金属铟，加入 10mL 浓 HCl 溶解，将溶液移入 100mL 容量瓶中，用水稀释至刻度，摇匀。

银标准储备液：$\rho(Ag)=1.00mg/mL$，称取 0.787 4g 高纯硝酸银($AgNO_3$)溶于水中，加入 5mL 浓 HNO_3，移入 500mL 棕色容量瓶中，用水稀释至刻度，摇匀。

铑内标储备液：$\rho(Rh)=1.00mg/mL$，称取 0.038 56g 光谱纯氯铑酸铵$[(NH_4)_3RhCl_6 \cdot 1.5H_2O]$，加入 10mL 浓 HCl 和少量氯化钠(NaCl)溶解，用(1+9)HCl 稀释至刻度，摇匀。

铼内标储备液：$\rho(Re)=1.00mg/mL$，称取 1.440 6g 高纯铼酸铵(NH_4ReO_4)置于烧杯中，溶于水中，移入 1000mL 容量瓶中，用水稀释至刻度，摇匀。

组合元素标准溶液将各单元素标准储备液组合稀释配制为以下组合标准储备液(表 5-2)。

表 5-2 组合标准储备液($\rho_B=20.0\mu g/mL$)

标准编号	元素	溶液介质
MSTD1	Cd、In、Bi	3mol/L HNO_3
MSTD2	Zr、Sn、Sb	6mol/L HNO_3、质量分数 5%酒石酸、氢氟酸(几滴)
MSTD3	As、Ag	3mol/L HNO_3

组合标准储备液的存放期限为一年，其中 MSTD3 如变得混浊或在使用中发现其中元素含量偏低，则需要及时重新配制。

由以上组合标准储备液稀释制备组合标准工作溶液，其中各元素为 20.0ng/mL，介质为体积分数 5% HNO_3。组合标准工作溶液的保存期限为两周，MSTD3 用时稀释。内标溶液 $\rho(Rh,Re)=10ng/mL$，在测定过程中通过三通在线引入仪器。锆标准溶液 $\rho(Zr)=1.00\mu g/mL$，用于测定锆对 ^{107}Ag 和 ^{111}Cd 的干扰系数。仪器调试溶液 $\rho(Co,In,U)=1.0ng/mL$。

四、实验步骤

1. 样品处理

称取 0.2~0.5g（准确至 0.000 1g）试样置于 25mL 比色管中，加入 10mL 新配制的 (1+1) 王水，置沸水浴中加热溶解 2h（中间隔半小时摇动一次）。取下，冷却后用水稀释至刻度，摇匀，待测。

2. 上机测定

点燃等离子体，稳定 15min 后，用仪器调试溶液进行最优化，要求仪器灵敏度达到计数率大于 $2 \times 10^4 s^{-1}$。同时，以 CeO/Ce 为代表的氧化物产率小于 2%，以 Ce^{2+}/Ce 为代表的双电荷离子产率小于 5%。

被分析元素选用的测定同位素、测定限及干扰校正见表 5-1。

以高纯水为空白，用 $\rho(B)=20.0$ng/mL 组合标准工作溶液对仪器进行校准，然后测定试样溶液。在测定的全过程中，通过三通在线引入内标溶液。

仪器计算机根据标准溶液中各元素的已知浓度和测量信号强度建立各元素的校准曲线公式，然后根据未知试样溶液中各元素的信号强度、预先输入的试样称取量和制得试样溶液体积，给出各元素在原试样中的质量分数。在测定过程中，计算机始终在监测内标元素的信号强度，如发生变化（可能因仪器漂移或试样溶液基体的变化引起），则对所有与此内标相关联的元素进行相应补偿。

五、数据处理

(1) 计算存在干扰的元素间校正系数，并进行干扰校正。

(2) 根据工作曲线计算各样品试液中各元素含量，并计算最初样品中各分析元素的含量（μg/g）。

六、问题讨论

(1) 讨论选取内标元素的基本原则。
(2) 混合标准溶液进行分组的目的是什么？
(3) 王水溶样是不是完全溶解样品？为什么？

实验三十六　高压封闭分解-电感耦合等离子体质谱法测定钒钛磁铁矿石中痕量元素（设计性实验）

一、实验目的

(1) 进一步熟悉 ICP-MS 的原理及操作。
(2) 学习复杂地质样品的处理及 ICP-MS 测试方法。

二、原理提示

（1）样品预处理：用氢氟酸和硝酸在高压封闭溶样器中分解钒钛磁铁矿矿石样品。

（2）标准系列配制：制备多元素组合标准时要注意元素间的相容性和稳定性。元素的原始标准储备液必须进行检查以避免杂质影响标准的准确度。

（3）样品基体复杂，要考虑元素、同位素的质谱干扰。根据实际矿样的基体组成选择合适的质量数进行测量，必要时要进行干扰校正。

三、实验要求

（1）查阅文献，了解钒钛磁铁矿矿石的大致组成情况。

（2）用标准曲线法求出钒钛磁铁矿矿石中痕量元素的含量。

（3）查阅文献，学习 ICP-MS 干扰校正方法。

（4）拟订实验方案，写出实验步骤。

四、问题讨论

（1）讨论氢氟酸溶样过程中的各注意事项。

（2）讨论用 ICP-MS 分析钒钛磁铁矿矿石中痕量元素时可能出现的各种干扰情况及校正方法。

实验三十七　ICP-MS分析中分子离子干扰及碰撞反应池技术消除干扰

一、实验目的

（1）了解 ICP-MS 分析中的干扰现象和来源及常用消除方法。

（2）掌握碰撞反应池技术的基本原理。

（3）验证并掌握四极杆 ICP-MS 质谱分析中碰撞池消除分子离子干扰的实验技术。

二、方法原理

电感耦合等离子体质谱法（ICP-MS）是当前痕量无机元素分析领域最有力的仪器技术，相对其他传统的光谱分析方法，四极杆 ICP-MS 的分析精密度好、灵敏度高、质谱图简单、干扰较少，但在某些分析对象和条件下，它同样存在着各种质谱和非质谱干扰，如由于不同元素的同质量数同位素（同质异位素）直接质谱峰重叠引起的同质异位素干扰（如 $^{114}Sn^+$ 和 $^{114}Cd^+$），由于等离子体工作气氛和试样溶剂中的各种元素本底形成的分子离子与待测离子的质谱峰重叠（如 $^{40}Ar^{16}O^+$ 和 $^{56}Fe^+$）以及不同质量数粒子双重电离形成的双电荷离子，而造成质荷比相同的质谱重叠干扰（如 $^{136}Ba^{2+}$ 和 $^{68}Zn^+$）。

避免同质异位素干扰的方法通常是：选择对待测元素没有干扰的同位素进行分析或者

通过干扰校正方程利用同位素丰度值进行校正,氧化物和双电荷离子的干扰可以通过调谐等离子体工作条件、矩管位置以及更换不同类型的接口锥等方法来降低,但维持ICP运行的氩(Ar)气氛本身产生的干扰很难通过上述手段消除。例如对于硒(Se)元素进行分析时,几种丰度占比较高的Se同位素均会受到Ar形成的多原子分子离子的影响,如$^{40}Ar^{37}Cl^+$-$^{77}Se^+$、$^{40}Ar^{38}Ar^+$-$^{78}Se^+$和$^{40}Ar^{40}Ar^+$-$^{80}Se^+$,这对于痕量Se元素分析十分不利。实际测试中存在的分子离子干扰情况与等离子体工作状态和试样基体组成相关,可能存在的各种干扰形式如表5-3所示。

表5-3 Se同位素、自然丰度及干扰离子

Se同位素	^{74}Se	^{76}Se	^{77}Se	^{78}Se	^{80}Se	^{82}Se
质量数	74	76	77	78	80	82
丰度/%	0.889	9.366	7.635	23.772	49.607	8.731
干扰离子	$^{38}Ar^{36}Ar^+$、$^{74}Ge^+$、$^{58}Ni^{16}O^+$	$^{40}Ar^{36}Ar^+$、$^{38}Ar^{38}Ar^+$、$^{76}Ge^+$、$^{75}AsH^+$、$^{60}Ni^{16}O^+$	$^{40}Ar^{37}Cl^+$、$^{40}Ar^{36}ArH^+$、$^{76}SeH^+$、$^{76}GeH^+$、$^{61}Ni^{16}O^+$	$^{40}Ar^{38}Ar^+$、$^{77}SeH^+$、$^{62}Ni^{16}O^+$	$^{40}Ar^{40}Ar^+$、$^{80}Kr^+$、$^{79}BrH^+$	$^{82}Kr^+$、$^{81}BrH^+$、$^{12}C^{35}Cl_2^+$

为了解决多原子分子离子干扰问题,最初用于有机质谱分析中使母体产生碎片离子的碰撞反应池技术被引入四极杆ICP-MS仪器中。碰撞反应池基本上由桶状的池体构成,其两端有离子进出端孔,池体内装有多极杆,维持比周围真空空腔内的压力稍高的增压状态。碰撞反应池中的多极杆以杆分级,分为二级多极杆(四极杆)、三级多极杆(六极杆)、四极多极杆(八极杆),对杆的级数直接影响离子稳定区的分布形状,反应池一般使用四极杆,而碰撞池则一般使用高级多极杆(六极杆和八极杆)。碰撞反应技术中常用的强反应性气体有氨气(NH_3)、甲烷(CH_4),弱反应气体有氢气(H_2),碰撞气体有氦气(He)、氙气(Xe)。碰撞反应池池体中发生电荷转移、氢原子转移、质子转移、缔合反应、缩合反应、碰撞诱导解离反应等,从而通过改变干扰离子或者被测离子的质量数来降低或消除干扰。

Agilent 7900质谱仪的四极杆轴向前部位置的八极杆碰撞池的使用可以有效消除多原子分子离子干扰。氦气(一般流量为4~6mL/min)进入池内与离子束发生碰撞,由于所有的多原子干扰离子体积都大于受其干扰的被测物,因而与氦气碰撞的机会大于体积相对较小的待测离子,可以将多原子离子撞为单原子离子状态,从而实现对多原子离子的有效消除。本实验以Se元素的6个同位素为实验对象,利用Agilent 7900仪器的碰撞池技术,以氦气为碰撞气,通过开关碰撞池功能比较验证该多原子分子离子干扰消除技术的有效性。

三、仪器设备与试剂材料

仪器:Agilent 7900质谱仪的电感耦合等离子体四极杆质谱仪。

试剂：1000ng/mL Se 标准储备液。

四、实验步骤

1. Se 系列标准溶液的配制

分别移取 1.00mL、0.50mL 1000ng/mL Se 标准储备液置于 10mL 比色管中，用体积分数 2‰ HNO_3 定容，配制成 100ng/mL 和 50ng/mL 的标准溶液。

分别移取 2.00mL、1.00mL 已配制好的 100ng/mL Se 标准溶液置于 10mL 比色管中，用体积分数 2‰ HNO_3 定容，配制成 20ng/mL 和 10ng/mL 的标准溶液。

移取 1.00mL 已配制好的 10ng/mL Se 标准溶液置于 10mL 比色管中，用体积分数 2‰ HNO_3 定容，配制成 1ng/mL 的标准溶液。

所得标准系列溶液浓度序列为 1ng/mL、10ng/mL、20ng/mL、50ng/mL、100ng/mL，其中体积分数 2‰ HNO_3 介质作为标准空白。

2. 仪器操作

（1）开启气阀、冷却循环水机、打开 ICP 抽风系统。

（2）打开软件，右键点击碰撞池图标，进入维护界面，打开碰撞池气阀开关，在氦气流量"Input"位置输入 12mL/min，吹扫 10min。

（3）右键点击雾室图标，进入维护界面，打开仪器内部氩气气阀，开启雾室半导体制冷控制，在"Plasma gas""Auxiliary gas""Nebulizer gas""Make up gas"位置依次输入 15L/min、1L/min、1L/min、1L/min，吹扫管路 2~3min。

（4）点击"Plasma on"，点燃 ICP，分别设置建立"No gas"模式（未开启"碰撞池"模式）以及"He"模式（开启"碰撞池"模式）下的 ^{74}Se、^{76}Se、^{77}Se、^{78}Se、^{80}Se、^{82}Se 的全定量测试方法，按仪器的操作要求在两种模式下分别进行 11 次空白测试和标准系列样品测定，数据分别记录在表 5-4 至表 5-15 中。LOD 为检出限（ng/mL），σ 为 11 次空白测试的标准偏差，K 为标准工作曲线的斜率。

表 5-4　^{74}Se 测试空白样品计数　　　　　　　　　　　　　　　　单位：CPS

模式	1	2	3	4	5	6	7	8	9	10	11	平均值	σ
He													
No He													

表 5-5　^{74}Se 测试标准样品计数

模式	0ng/mL	1ng/mL	10ng/mL	20ng/mL	50ng/mL	100ng/mL	R^2	K	$LOD/ng \cdot mL^{-1}$
	CPS								
He									
No He									

表 5-6 ^{76}Se 测试空白样品计数　　　　　　　　　　　　　　　　　　　　单位:CPS

模式	1	2	3	4	5	6	7	8	9	10	11	平均值	σ
He													
No He													

表 5-7 ^{76}Se 测试标准样品计数

模式	0ng/mL	1ng/mL	10ng/mL	20ng/mL	50ng/mL	100ng/mL	R^2	K	$LOD/\text{ng}\cdot\text{mL}^{-1}$
	CPS								
He									
No He									

表 5-8 ^{77}Se 测试空白样品计数　　　　　　　　　　　　　　　　　　　　单位:CPS

模式	1	2	3	4	5	6	7	8	9	10	11	平均值	σ
He													
No He													

表 5-9 ^{77}Se 测试标准样品计数

模式	0ng/mL	1ng/mL	10ng/mL	20ng/mL	50ng/mL	100ng/mL	R^2	K	$LOD/\text{ng}\cdot\text{mL}^{-1}$
	CPS								
He									
No He									

表 5-10 ^{78}Se 测试空白样品计数　　　　　　　　　　　　　　　　　　　　单位:CPS

模式	1	2	3	4	5	6	7	8	9	10	11	平均值	σ
He													
No He													

表 5-11 ^{78}Se 测试标准样品计数

模式	0ng/mL	1ng/mL	10ng/mL	20ng/mL	50ng/mL	100ng/mL	R^2	K	$LOD/\text{ng}\cdot\text{mL}^{-1}$
	CPS								
He									
No He									

表 5−12 ^{80}Se 测试空白样品计数   单位:CPS

模式	1	2	3	4	5	6	7	8	9	10	11	平均值	σ
He													
No He													

表 5−13 ^{80}Se 测试标准样品计数

模式	0ng/mL	1ng/mL	10ng/mL	20ng/mL	50ng/mL	100ng/mL	R^2	K	$LOD/\text{ng}\cdot\text{mL}^{-1}$
	CPS								
He									
No He									

表 5−14 ^{82}Se 测试空白样品计数   单位:CPS

模式	1	2	3	4	5	6	7	8	9	10	11	平均值	σ
He													
No He													

表 5−15 ^{82}Se 测试标准样品计数

模式	0ng/mL	1ng/mL	10ng/mL	20ng/mL	50ng/mL	100ng/mL	R^2	K	$LOD/\text{ng}\cdot\text{mL}^{-1}$
	CPS								
He									
No He									

五、数据处理

(1)计算并对比碰撞模式和非碰撞模式下的 6 种 Se 同位素的空白响应平均值和标准偏差 σ。

(2)通过直线拟合分析,建立两种模式下的 6 种 Se 同位素的标准工作曲线,并用公式 $LOD=3\sigma/K$ 计算 Se 各同位素的检出限,并比较两种模式下 Se 各同位素的 K、R^2、LOD 的差别。

六、问题讨论

(1)讨论在 ICP-MS 分析中哪些干扰可以通过空白信号扣除加以消除。
(2)讨论碰撞反应池技术中碰撞池技术与反应池技术在原理和应用有哪些不同特点。
(3)碰撞反应池技术在实际复杂样品测试过程中是否总是有利无弊的?为什么?
(4)为何采用氦气作为碰撞池的工作气体?

实验三十八 单颗粒-电感耦合等离子体质谱法(SP-ICP-MS)测定银纳米粒子(探索性实验)

一、实验目的

(1)了解 SP-ICP-MS 工作的基本原理和特点。
(2)掌握纳米粒子测定的试验方法及操作。
(3)初步了解 ICP-MS 单颗粒分析的结果统计计算方法。

二、方法原理

纳米粒子(NPs)存在自然形成和人为制造两种,人为制造的纳米粒子被广泛应用于电子、光学、食品添加剂、药物、化妆品和环境处理等多个行业。随着纳米科技的发展,它们的用途也越来越广,因而对纳米粒子造成的环境风险和生物毒性进行评估十分重要。由于纳米粒子的特殊性(粒径小、表面积大),在研究和生产中不仅需要测定分析物的总浓度,还必须鉴定样品中是否存在纳米粒子,并且表征其粒度参数和数量浓度。单颗粒-电感耦合等离子体质谱法(SP-ICP-MS)是解决这一问题的方法之一。

SP-ICP-MS 是一种以时间分辨模式(TRA)运行的 ICP-MS 分析方法,当纳米粒子在等离子体中蒸发并离子化时,可采集它的强度,然后将峰强度与纳米粒子的粒径和浓度关联起来,将一段时间内检测峰的数量与原始溶液中的数量浓度关联起来。SP-ICP-MS 可进行纳米粒子测定的关键因素是在极稀的溶液中捕获到每个单纳米粒子的信号。这些信号在时间分辨图中表现为尖锐的峰,因此可以将其与溶解态金属产生的连续信号、背景噪音信号进行识别分离。通过对一段时间内采集到的所有信号峰进行统计分析,就可以计算出溶液中纳米粒子的平均粒径、数量浓度和质量浓度。

1. 相关术语及定义

(1)参比物质(RM):化学性质稳定,已知粒径、质量浓度、数量浓度的纳米粒子(本实验为 Au 纳米粒子)标准溶液,用于计算仪器的传输效率。

(2)参比元素响应校正标准溶液[IonicStd(RM)]:1ng/mL 的参比元素标准溶液(即参比物质的元素溶液,本实验用 Au^+ 溶液),计算参比元素的响应因子。

(3)分析元素响应校正标准溶液[IonicStd(AN)]:1ng/mL 的分析元素标准溶液(即被测纳米粒子对应的元素溶液,本实验为 Ag^+ 溶液),计算分析元素的响应因子。

(4)响应因子校正空白[IonicStd(Blk)]:用于计算响应因子时扣除空白,本实验为超纯水。

(5)粒子检测阈值:纳米粒子峰信号的最低检测阈值,用于区分溶解态金属离子的连续信号。

(6)传输效率:样品从溶液中被提升后,达到检测器前所损失的量,是计算粒径和数量浓度的关键参数,本实验中使用参比物质(RM)计算。

2.计算过程与相关公式

(1)依据式(5-1),以 IonicStd(RM)和 IonicStd(Blk)的平均信号计算对应的响应因子 s,公式为:

$$s = (I_{ion} - I_{blk})/c_{Ion} \qquad (5-1)$$

(2)在 TRA 模式下,采集参比物质(RM)的信号分布,并统计单颗粒事件数量、每个事件对应的峰强等信息。

(3)根据步骤(2)中采集的数据、样品流量、响应因子和参比物质(RM)的已知信息来计算仪器传输效率,参比物质(RM)粒子的标准质量 m_{std} 计算公式为:

$$m_{std} = \frac{4}{3}\pi \times \left(\frac{d_{std}}{2 \times 10^7}\right)^3 \times \rho_{std} \times 10^9 \qquad (5-2)$$

传输效率 η_n 公式为:

$$\eta_n = \frac{N_P}{\frac{c_{std} \times 10^3}{m_{std}} \times V \times T} \qquad (5-3)$$

(4)在 TRA 模式下,采集并统计分析物的信号分布。

(5)根据传输效率、样品流量、响应因子和分析物已知信息计算粒径、质量浓度、数量浓度,可得每个单颗粒事件对应的粒子质量 m_{p_n} 和粒径 d_{p_n},具体公式为:

$$m_{p\_n} = I_{p\_n} \times \frac{1}{s} \times t_d \times V \times \eta_n \times f_d \times \frac{1}{60} \qquad (5-4)$$

$$d_{p\_n} = \sqrt[3]{\frac{6}{\pi} \times \frac{m_{p\_n}}{10^9 \times \rho_p}} \times 10^7 \qquad (5-5)$$

原溶液的数量浓度计算公式为:

$$c_p = N_p \times \frac{1}{\eta_n} \times \frac{1}{V} \times \frac{1}{T} \times 10^3 \qquad (5-6)$$

原溶液的质量浓度计算公式为:

$$c_m = \frac{\sum m_{p\_n}}{10^3} \times \frac{1}{\eta_n} \times \frac{1}{V} \times \frac{1}{T} \qquad (5-7)$$

(6)根据步骤(4)中分析物的信号分布及步骤(5)中各公式,计算背景等效粒径(BED)等各纳米粒子参数。

上述各公式中,s 为响应因子(CPS/μg·L^{-1});I_{ion}、I_{blk} 分别代表离子溶液和空白溶液的平均信号(CPS);c_{ion} 为离子溶液浓度(μg/L);d_{std} 为 RM 样品中纳米粒子的标准粒径(nm);ρ_{std} 为 RM 样品中纳米粒子的密度(g/cm^3);c_{std} 为 RM 样品的质量浓度;N_p 为采集到的单颗粒事件数量;V 为样品进样流量(mL/min),根据进样管管径默认仪器进样流量为 0.346mL/min;T 为总采集时间(min);t_d 为积分时间(s);f_d 为粒子的摩尔质量/待测元素的摩尔质量(本实验中为 100%);ρ_p 为待测样品中纳米粒子的密度(g/cm^3)。

三、仪器设备与试剂材料

1. 仪器

Agilent-7900 电感耦合等离子体质谱仪(配备单颗粒分析软件模块)。

2. 试剂

试剂:Au 纳米粒子标准溶液(40nm,50mg/L)、Ag 纳米粒子标准溶液(40nm 和 100nm,100mg/L)、Au 标准储备液(1000mg/L)、Ag 标准储备液(1000mg/L)、Au 实验储备液(40nm,5000ng/L)、Ag 实验储备液(40nm,10 000ng/L;100nm,10 000ng/L)。

实验储备液的制备流程:将所有纳米粒子标准溶液超声 5min,用移液管移取 1mL 40nm 的 Au 纳米粒子标准溶液至 100mL 容量瓶,用超纯水定容至 100mL,摇匀,再从摇匀后的溶液中移取 1mL 到 100mL 容量瓶,用超纯水定容至 100mL,摇匀,瓶身贴好标签备注为"40nm Au 5000ng/L";再用移液管分别移取 1mL 40nm 和 100nm 的 Ag 纳米粒子标准溶液到两个 100mL 容量瓶中,用超纯水定容至 100mL,摇匀,从摇匀后的溶液中再分别移取 1mL 到两个 100mL 容量瓶中,用超纯水定容至 100mL,摇匀,瓶身分别贴好标签备注为"40nm Ag 10 000ng/L"和"100nm Ag 10 000ng/L"。将"40nm Au 5000ng/L""40nm Ag 10 000ng/L"和"100nm Ag 10 000ng/L"作为实验储备液。

四、实验步骤

1. 响应校正标准溶液的配制

分别移取 0.5mL 100μg/L 的 Au 和 Ag 的标准储备液至 PE 瓶中,用超纯水稀释至 50mL(1μg/L),分别标记为 IonicStd(RM)和 IonicStd(AN)。取超纯水作为响应因子校正空白,标记为 IonicStd(Blk)。

2. 纳米粒子溶液的配制

将"40nm Au 5000ng/L""40nm Ag 10 000ng/L"和"100nm Ag 10 000ng/L"储备液超声 10min,然后用移液管从"40nm Au 5000ng/L"中移取 1mL 摇匀后的溶液到 100mL 的 PE 瓶中,定容至 100mL,将最终稀释好的 Au 纳米粒子溶液标记为 RM(参比物质);再用移液管分别从"40nm Ag 10 000ng/L"和"100nm Ag 10 000ng/L"中移取 0.5mL 摇匀后的溶液到 100mL 的 PE 瓶中,均定容至 100mL,将最终稀释好的两瓶 Ag 纳米粒子溶液均标记为 AN1(待分析物)和 AN2(待分析物)。

注意:为保证均匀性,0.5mL 为最小有效取样量,并且稀释方法采用逐级稀释法以减少误差和超纯水的使用量。最终分析物浓度均为 50ng/L。使用完毕后的纳米颗粒标准溶液和实验储备液需要用锡纸密封避光冷藏保存。

3. 仪器操作

(1)开启气阀、循环水机、调整好进样系统。

(2)在桌面启动"Mass Hunter Workstation",点燃等离子体,并自动进行仪器调谐,等待等离子体预热完成。

(3)建立单颗粒分析方法,按方法建立要求输入进样流量、参比物质和分析元素的相关信息;根据样品数量建立样品列表;在"Data Analysis Method"标签中选择雾化效率计算方法为"Calculated from RM Conc";在"Acq Method"标签中设置积分时间为0.000 4s,总采集时间为60s。

(4)按仪器的操作要求分析样品(Au纳米粒子的残留比较严重,冲洗时间需要延长),在"ICP‑MS Data Analysis"中计算并查看结果。

五、数据处理

(1)从仪器分析软件中获取测试所得纳米颗粒粒径数据及纳米溶液的纳米粒子数量浓度,并与标准结果进行比对。

(2)导出单颗粒测试质谱信号数据,尝试用数理统计软件进行线下分析,结果与仪器软件进行比对。

(3)探索影响该单颗粒实验结果最关键的实验和统计计算因素。

六、问题讨论

(1)纳米粒子产生的信号为什么是尖锐的峰?
(2)为什么传输效率的计算很重要?
(3)在粒径频数分布图中,纳米粒子的粒径为什么是正态分布?

第六章　电导分析法

实验三十九　电导池常数及水质纯度测定

一、实验目的

(1)掌握电导分析法的基本原理。
(2)学会用电导法测定水纯度的实验方法。
(3)掌握电导池常数的测量技术。

二、方法原理

水溶液中的离子,在电场作用下具有导电能力。导电能力称为电导G,其单位是西门子$S(S=\Omega^{-1})$。电导G与电阻R的关系式为:

$$G = \frac{1}{R} \quad (6-1)$$

导体的电阻与其长度l和截面积A的关系表示如下式:

$$R = \rho l/A \quad (6-2)$$

式中:ρ称为电阻率$(\Omega \cdot cm)$,电阻率的倒数$1/\rho$称为电导率κ。由此,电导与电导率关系可表示为:

$$G = \kappa A/l = \kappa/\theta \quad (6-3)$$

式中:θ称为电导池常数,是电极间距离l与其面积A之比,一个电极的电导池常数为确定值。

水质纯度的一项重要指标是其电导率的大小。电导率愈小,即水中离子总量愈小,水质纯度就高;反之,电导率愈大,离子总量愈大,水质纯度就低。普通蒸馏水的电导率为$3\times10^{-6}\sim5\times10^{-6}$S/cm,而去离子水可达$1\times10^{-7}$S/cm。

三、仪器设备与试剂材料

1. 仪器

电导仪、电导电极(光亮电极和铂黑电极)。

2. 试剂

(1)水样:去离子水、蒸馏水、自来水。

(2)氯化钾(KCl)标准溶液：准确称取 0.745 5g 已烘干的氯化钾(基准试剂)置于小烧杯中，用少量高纯水溶解，完全转入 100mL 容量瓶中，用高纯水配成 0.100 0mol/L 氯化钾标准溶液。

四、实验步骤

1.电导池常数的测定

(1)将电导仪接上电源，开机预热。装上电导电极，用蒸馏水冲洗几次，并用滤纸吸去水珠。

(2)将洗净的电极再用氯化钾标准溶液清洗，并用滤纸吸干水珠。随后浸入欲测的氯化钾标准溶液中，启动测量开关进行测量。由测量结果确定电导池常数。

2.水样电导率的测定

取去离子水、蒸馏水、自来水分别置于 3 个 50mL 烧杯中，用蒸馏水、待测水样依次清洗电极，逐一进行测量。

五、数据处理

(1)计算出所使用的电导电极的池常数。
(2)计算出测定水样的电导率和电阻率。

六、问题讨论

(1)测量电导，为什么要用交流电源？能不能用直流电源？
(2)电导法测量高纯度水时，试液在空气中的放置时间越长电导越大，可能影响的因素是什么？

实验四十　电导滴定法测定醋酸的解离常数 K_a

一、实验目的

(1)熟悉电导滴定法的基本原理。
(2)掌握电导滴定法测定弱酸解离常数的实验方法。

二、方法原理

溶液的电导随离子的数目、电荷和大小而变化，也随着溶剂某些特性(如黏度)的变化而变化。这样可以预料出不同品种的离子对给定溶液产生不同的电导。因此，如果溶液里一种离子通过化学反应被另一种大小或电荷不同的离子取代，必然导致溶液的电导发生显著变化。电导滴定法正是利用这一原理完成欲测物质的定量测定。

一个电解质溶液的总电导 G，是溶液中所有离子电导的总和，即：

$$G = \frac{1}{1000\theta}\sum c_i \lambda_i \tag{6-4}$$

式中：c_i 为第 i 种离子的浓度(mol/L)；λ_i 为其摩尔电导；θ 为电导池常数。

弱酸的解离度 α 与其电导的关系可表示为：

$$\alpha = G_c/G_{100\%} \tag{6-5}$$

式中：G_c 为任意浓度时实际电导值，它是从实验中实际测量得到；$G_{100\%}$ 为同一浓度完全解离时的电导值，它可从不同的滴定曲线计算求得。

醋酸在溶液中的解离平衡式为：

$$\begin{array}{c} \text{HAc} \rightleftharpoons \text{H}^+ + \text{Ac}^- \\ c(1-\alpha) \quad c\alpha \quad c\alpha \end{array} \tag{6-6}$$

解离常数 K_a 为：

$$K_a = \frac{[\text{H}^+][\text{Ac}^-]}{[\text{HAc}]} = \frac{c\alpha^2}{1-\alpha} \tag{6-7}$$

式中：c 为任意浓度；α 为解离度。

根据电解质的电导具有加和性的原理，对任意浓度醋酸在完全解离时的电导值，能从有关滴定曲线上求得。假如选用氢氧化钠滴定醋酸和盐酸溶液，可从滴定曲线上查得有关电导值后，按式(6-8)计算醋酸在 100% 解离时的电导值 $G_{\text{HAc}(100\%)}$。

$$G_{\text{HAc}(100\%)} = G_{\text{NaAc}} + G_{\text{HCl}} - G_{\text{NaCl}} \tag{6-8}$$

式中：G_{NaAc} 为醋酸被氢氧化钠滴定至终点的电导值；G_{HCl} 为盐酸被滴定至终点的电导值；G_{NaCl} 为 NaCl 被滴定至终点的电导值。

注意：所述电导值应按式(6-4)校正至相同的物质的量浓度，式(6-8)才能成立。

三、仪器设备与试剂材料

仪器：电导仪、电导电极(铂黑电极)、电磁搅拌器。

试剂：氢氧化钠标准溶液(0.200 0mol/L)、醋酸溶液(约 0.1mol/L)、盐酸溶液(约 0.1mol/L)。

四、实验步骤

(1)预热电导仪，连接电导电极。

(2)移取约 20mL 0.1mol/L 醋酸溶液于 300mL 的烧杯中，加蒸馏水 170mL，放烧杯在电磁搅拌器上，插入洗净的电导电极，注意不能影响搅拌磁子的转动。开动电磁搅拌器，调节搅拌速度，使溶液不出现涡流。

(3)用 0.200 0mol/L 氢氧化钠标准溶液滴定，首先记录醋酸未滴定时的读数，然后每次滴定 0.5mL，读一次电导数值，直至滴定剂约 20mL 体积。

(4)同步骤(2)(3)，用 0.200 0mol/L 氢氧化钠标准溶液滴定 20mL 约 0.1mol/L 盐酸溶液。

五、数据处理

(1)绘制醋酸和盐酸的电导滴定曲线。

(2) 从两种滴定曲线的终点所消耗的氢氧化钠标准溶液体积，分别计算醋酸和盐酸的准确浓度。

(3) 按方法原理中式(6-4)，校正 G_{NaAc}、G_{HCl} 和 G_{NaCl} 与 G_{HAc} 相同物质的量浓度时的数值，再按式(6-8)求醋酸在100%解离时电导值，进而根据式(6-5)和式(6-7)计算出醋酸的解离常数 K_a。

六、问题讨论

(1) 解释用氢氧化钠标准溶液滴定醋酸和盐酸溶液的电导滴定曲线为何不同。

(2) 本实验所用方法测定弱酸的解离常数 K_a 有哪些特点？

(3) 如果要准确测定 K_a 值，在滴定实验中应着重控制哪些影响因素？

第七章 电位分析法

实验四十一 电位法测定水溶液的 pH 值

一、实验目的

(1) 掌握用玻璃电极测量溶液 pH 值的基本原理和测量技术。
(2) 学会怎样测定和计算玻璃电极的响应斜率,加深对玻璃电极响应特性的了解。

二、方法原理

以玻璃电极作为指示电极,以饱和甘汞电极作为参比电极,用电位法测量溶液的 pH 值,组成测量电池的图解表示式为:

$$(-)Ag, AgCl | 内参比溶液 | 玻璃膜 | 试液 \vdots\vdots KCl(饱和) | Hg_2Cl_2, Hg(+)$$
$$\quad\quad\varepsilon_6 \quad\quad\quad\varepsilon_5 \quad\quad\varepsilon_4 \quad\quad\varepsilon_3 \quad\quad\quad\quad\varepsilon_2 \quad\quad\quad\quad\varepsilon_1$$

电池的电动势等于各相界电位的代数和,即:

$$E(电池) = (\varepsilon_1 - \varepsilon_2) + (\varepsilon_2 - \varepsilon_3) + (\varepsilon_3 - \varepsilon_4) + (\varepsilon_4 - \varepsilon_5) + (\varepsilon_5 - \varepsilon_6) \quad (7-1)$$

$$E(SCE) = \varepsilon_1 - \varepsilon_2 \quad E(Ag, AgCl) = \varepsilon_6 - \varepsilon_5 \quad (7-2)$$

$$E(膜) = (\varepsilon_4 - \varepsilon_3) - (\varepsilon_4 - \varepsilon_5) = \varepsilon_5 - \varepsilon_3 \quad (7-3)$$

式中: $\varepsilon_2 - \varepsilon_3$ 为试液与饱和氯化钾溶液之间的液接电位 E_j,于是有以下公式:

$$E(电池) = E(SCE) - E(膜) - E(Ag, AgCl) + E_j \quad (7-4)$$

当测量体系确定后,$E(电池)$、$E(Ag, AgCl)$ 及 E_j 均为常数,而 $E(膜) = k + \dfrac{RT}{nF}\ln a_{H^+}$ (k 为常数;R 为气体常数;T 为温度;n 为电子转移数;F 为法拉第常数;a_{H^+} 为 H^+ 活度),合并常数项,电动势可表示为:

$$E(电池) = E(SCE) - E(Ag, AgCl) + E_j - k - \dfrac{RT}{nF}\ln a_{H^+}$$
$$= K - \dfrac{RT}{nF}\ln a_{H^+} = K + 0.059\text{pH} \quad (7-5)$$

式中:0.059 为玻璃电极在 25℃ 的理论响应斜率;K 为常数。

由于玻璃电极常数项,或说电池的"常数"电位值无法准确确定,故实际中测量 pH 值采用相对方法,即选用 pH 值已经确定的标准缓冲溶液进行比较而得到欲测溶液的 pH 值。为此,pH 值通常被定义为溶液所测电动势与标准溶液的电动势差有关的函数,其关系式是:

$$\text{pH}_x = \text{pH}_s + \dfrac{(E_x - E_s)F}{RT\ln 10} \quad (7-6)$$

式中：pH_x、pH_s 分别为欲测溶液和标准溶液的 pH 值；E_x、E_s 分别为欲测溶液和标准溶液的相应电动势。该式常被认为 pH 值的实用定义。

测定 pH 用的仪器 pH 电位计是按上述原理设计制成的。例如在 25℃时，pH 电位计设计为单位 pH 变化 58mV。若玻璃电极在实际测量中响应斜率不符合 58mV 的理论值，这时仍用一个标准 pH 缓冲溶液校准 pH 电位计，就会因电极响应斜率与仪器不一致而引入测量误差。为了提高测量的准确度，需采用双标准 pH 缓冲溶液法将 pH 电位计的单位 pH 的电位变化与电极的电位变化校正为一致。

当用双标准 pH 缓冲溶液法时，pH 电位计的单位 pH 变化率 S 可校定为：

$$S = \frac{E(s,2) - E(s,1)}{pH(s,1) - pH(s,2)} \tag{7-7}$$

式中：$pH(s,1)$、$pH(s,2)$ 分别为标准 pH 缓冲溶液 1 和缓冲溶液 2 的 pH 值；$E(s,1)$、$E(s,2)$ 分别为标准 pH 缓冲溶液 1 和缓冲溶液 2 的电动势。代入式(7-6)，整理最终得：

$$pH_x = pH_s + \frac{(E_x - E_s)}{S} \tag{7-8}$$

这种方法消除了电极响应斜率与仪器原设计值不一致引入的误差。显然，标准缓冲溶液的 pH 值是否准确是能否准确测量 pH 值的关键。目前，我国所建立的 pH 标准溶液体系有 7 种缓冲溶液，它们在 0～95℃ 的标准 pH 值可查阅相关文献。

三、仪器设备与试剂材料

仪器：pH/mV 计、玻璃电极(2 个，其电极响应斜率须有一定差别)、饱和甘汞电极。

试剂：邻苯二甲酸氢钾标准 pH 缓冲溶液、磷酸氢二钠与磷酸二氢钾标准 pH 缓冲溶液、硼砂标准 pH 缓冲溶液、未知 pH 试样溶液(至少 3 个，pH 值分别在 3、6、9 左右为宜)。

四、实验步骤

1. 测定玻璃电极的实际响应斜率

(1)在 pH 电位计上装好玻璃电极和甘汞电极。

(2)选用仪器的"mV"档，用蒸馏水冲洗电极，并用滤纸轻轻地将附着在电极上的水吸去。然后，小心将插电极在试液中，注意切勿与杯底杯壁相碰。

(3)按下测量按钮，待电位值显示稳定时，读取"mV"数值，记录在数据记录表中。松开测量按钮，从试液中提起电极，用滤纸吸去电极上残留试液，再按步骤(2)冲洗电极。

(4)至少按上述步骤测量 3 种不同 pH 值的标准缓冲溶液，用作图法求出电极的响应斜率。

(5)同上述步骤测量另一个玻璃电极的响应"mV"值。

2. 单标准 pH 缓冲溶液法测量溶液 pH 值

这种方法适合一般要求，即待测溶液的 pH 值与标准缓冲溶液的 pH 值之差小于 3 个 pH 单位。

(1) 选用仪器"pH"档,将清洗干净的电极浸入欲测标准 pH 缓冲溶液中,按下测量按钮,转动定位调节旋钮,使仪器显示的 pH 值稳定在该标准缓冲溶液 pH 值。

(2) 松开测量按钮,取出电极,用蒸馏水冲洗几次,小心用滤纸吸去电极上溶液。

(3) 将电极置于欲测试液中,按下测量按钮,读取稳定 pH 值并记录。松开测量按钮,取出电极,按步骤(2)清洗,继续下个样品溶液测量。测量完毕,清洗电极,并将玻璃电极浸泡在蒸馏水中。

3. 双标准 pH 缓冲溶液法测量溶液 pH 值

为了获得高精确度的 pH 值,通常用两个标准 pH 缓冲溶液进行校正定位,并且要求未知溶液的 pH 值尽可能落在这两个标准溶液的 pH 值之间。

(1) 按单标准 pH 缓冲溶液方法步骤(1)和(2),选择两个标准缓冲溶液,用其中一个对仪器校正定位。

(2) 将电极置于另一个标准缓冲溶液中,调节斜率旋钮(如果没设斜率旋钮,可使用温度补偿旋钮调节),使仪器显示的 pH 值读数至该标准缓冲溶液的 pH 值。

(3) 松开测量按钮,取出电极,冲洗,用滤纸沾干后,再放入第一次测量的标准缓冲溶液中,按下测量按钮,其读数与该试液的 pH 值相差至多不超过 0.05 个 pH 单位,表明仪器和玻璃电极的响应特性均良好。往往要反复测量、反复调节几次,才能使测量系统达到最佳状态。

(4) 当测量系统调定后,将洗干净的电极置于欲测试样溶液中,按下测量按钮,读取稳定 pH 值并记录。松开测量按钮,取出电极,冲洗净后,将玻璃电极浸泡在蒸馏水中。

4. 注意事项

(1) 玻璃电极的敏感膜非常薄,易破碎损坏,因此使用时应该注意勿与硬物碰撞,电极上所附的水分只能用滤纸轻轻吸干,不得擦拭。

(2) 不能用含有氟离子的溶液,也不能用浓 H_2SO_4 洗液、浓酒精来洗涤电极,否则会使电极表面脱水而失去功能。

(3) 测量极稀的酸或碱溶液(小于 0.01mol/L)的 pH 值时,为了保证电位计稳定工作,需要加入惰性电解质(如氧化钾),提供足够的导电能力。

(4) 如果需要测量精确度高的 pH 值,为避免空气中 CO_2 的影响,尤其测量碱性溶液的 pH 值,要使暴露于空气中的时间尽量短,读数要尽可能地快。

(5) 玻璃电极经长期使用后,会逐渐降低及失去氢电极的功能,这被称为"老化"。当电极响应斜率低于 52mV/pH 时,就不宜再使用。

五、数据处理

(1) 以表 7-1 中的标准缓冲溶液的 pH 值为横坐标、以测得电位计的"mV"读数为纵坐标作图,从直线斜率计算出玻璃电极的响应斜率,并比较两个电极的性能。

(2) 列表记录两种方法测量的试样溶液 pH 值结果。

表 7-1 标准缓冲溶液"mV"测量记录表

标准缓冲溶液 pH	电位计读数/mV	
	1# 电极	2# 电极
4.00		
6.86		
9.18		

六、问题讨论

(1)在测量溶液 pH 值时,为什么 pH 电位计要用标准 pH 缓冲溶液进行校正?

(2)使用玻璃电极测量溶液 pH 值时,应匹配何种类型的电位计?

(3)为什么用单标准 pH 缓冲溶液方法测量 pH 值时,应尽量选用 pH 值与它相近的标准缓冲溶液来校正 pH 电位计?

(4)在 pH 值测试过程中,通常可以采用 1 点校正和 2 点校正的方法,请说明它们之间的原理区别和各自的优缺点。

实验四十二 电位法测定皮蛋的 pH 值

一、实验目的

(1)加深理解电位法测定 pH 值原理。

(2)学习巩固 pH 电位计的使用方法及性能。

(3)掌握电位法测定 pH 值的实验技术。

二、方法原理

制作皮蛋的主要原料包括鸭蛋、纯碱、石灰等。在一定条件下,经过一定周期"腌制"就可制得皮蛋。此时由于碱的作用,鸭蛋内形成了蛋白及蛋清凝胶。皮蛋的 pH 值通常呈弱碱性,可作为皮蛋品质及新鲜度的参考指标之一。

测定皮蛋水溶液的 pH 值时,以玻璃电极作为氢离子活度的指示电极,以饱和甘汞电极作为参比电极,进行测定。测定前要先用已知的标准缓冲溶液对酸度计进行校正定位。测定方法可用标准曲线法或标准加入法。在测试中,pH 值范围应用 pH 缓冲液定值在 5~8。对于干扰元素(Al、Fe、Zr、Th、Mg、Ca、Ti 及稀土元素)通常可用柠檬酸、乙二胺四乙酸(EDTA)、正 1,2-二氨基环己烷-四乙酸(DCTA)、磺基水杨酸等掩蔽。阴离子一般不干扰测定。加入总离子强度调节缓冲剂(TISAB)即能控制酸度、掩蔽干扰、调节离子强度。

三、仪器设备与试剂材料

仪器:pHS-2 型酸度计或数字离子计、甘汞电极、玻璃电极、磁力搅拌器。

试剂:pH 值 5~8 的标准缓冲溶液。

四、实验步骤

(1)试样处理:将皮蛋洗净、去壳。将皮蛋与水按质量比 2∶1 混合,把皮蛋捣成匀浆。称取匀浆样品 15g(相当于样品 10g),加水搅匀,稀释至 150mL,用双层纱布过滤,取此滤液 50mL,待测。

(2)用已知 pH 值(与待测样品 pH 值相近)的标准缓冲溶液定位酸度计。

(3)测定滤液多次,求平均值。

五、数据处理

平均值:
$$\overline{\text{pH}} = \sum_{i=1}^{N} \text{pH}_i / N \tag{7-9}$$

平均偏差:
$$\overline{\sigma} = \sum_{i=1}^{N} (\text{pH}_i - \overline{\text{pH}}) / N \tag{7-10}$$

pH 值:
$$\text{pH} = \overline{\text{pH}} \pm \overline{\sigma} \tag{7-11}$$

式中:pH_i 为每次测量值;N 为测定次数。

六、问题讨论

(1)在测试中为什么强调试液与标准缓冲溶液的温度相同?

(2)在 pH 测定时,用标准缓冲溶液定位的目的是什么?标准缓冲液可否重复使用?

实验四十三 醋酸电离度和电离常数的测定

一、实验目的

(1)学习测定醋酸(HAc)离解度和离解常数的基本原理和方法。

(2)学习巩固酸度计的使用方法。

二、方法原理

弱电解质醋酸(HAc)在水溶液中存在下列电离平衡:
$$\text{HAc (aq)} \rightleftharpoons \text{H}^+ \text{(aq)} + \text{Ac}^- \text{(aq)} \tag{7-12}$$

因此,醋酸的电离常数 $K^\theta(\text{HAc})$ 的表达式为:
$$K^\theta(\text{HAc}) = \frac{c_{\text{re}}(\text{H}^+) \cdot c_{\text{re}}(\text{Ac}^-)}{c_{\text{re}}(\text{HAc})} \tag{7-13}$$

式中:$c_{re}(H^+)$、$c_{re}(Ac^-)$、$c_{re}(HAc)$分别为各组分平衡时的浓度。

当温度一定时,醋酸的电离度为 α,则有 $c_{re}(H^+)=c_{re}(Ac^-)=c_r\alpha$,代入式(7-13)得:

$$K^{\theta}(HAc) = \frac{(c_r\alpha)^2}{c_r(1-\alpha)} = \frac{c_r\alpha^2}{1-\alpha} \tag{7-14}$$

式中:c_r 为醋酸溶液初始浓度。

在一定温度下,用酸度计测一系列已知浓度的醋酸溶液 pH 值,根据 $pH=-\lg c_{re}(H^+)$,可以求得各浓度下醋酸溶液对应的 $c_{re}(H^+)$;利用 $c_{re}(H^+)=c_r\alpha$,求得各对应的电离度 α 值,将 α 代入式(7-14)中,可求得一系列对应的 K^{θ} 值;取 α 及 K^{θ} 的平均值,即得该温度下醋酸的电离常数 $K^{\theta}(HAc)$ 值及 $\alpha(HAc)$。

三、仪器设备与试剂材料

仪器:离子计或 pH/mV 计、电磁搅拌器。

试剂:醋酸溶液(浓度事先已标定)。

四、实验步骤

(1)配制不同浓度的醋酸溶液:取 5 个洁净烘干的 100mL 小烧杯依次编号为 1#~5#;用酸式滴定管分别向 1#~5# 小烧杯中准确放入 2.50mL、5.00mL、10.00mL、25.00mL、50.00mL 已准确标定过的醋酸溶液;然后用蒸馏水定容到 50mL,并用玻璃棒将杯中溶液搅混均匀。

(2)醋酸溶液 pH 的测定:用酸度计分别依次测量 1#~5# 小烧杯中醋酸溶液的 pH 值,并准确记录测定数据。

五、数据处理

原始醋酸溶液的标定浓度:$c_r(HAc)=$ _____ mol/L,室温 = _____ ℃,数据计入表 7-2。

表 7-2 实验数据记录表

编号	$V(HAc)/$ mL	$V(T)/$ mL	$c_i(HAc)/$ mol·L^{-1}	pH	$c_{re}(H^+)/$ mol·L^{-1}	$\alpha/\%$	$K^{\theta}(HAc)$
1#	2.50						
2#	5.00						
3#	10.00	50.00					
4#	25.00						
5#	50.00						
醋酸电离平衡常数平均值 $K^{\theta}(HAc)=$ _____							

注:$c_i(HAc)$ 为稀释后各醋酸溶液的初始浓度,$V(T)$ 为定容后体积。

六、问题讨论

(1)烧杯是否必须烘干再使用?
(2)如果搅拌结束后玻璃棒上带出了部分溶液对测定结果有无影响?
(3)测量时可否不用按照溶液浓度由低到高进行测量?有何影响?

实验四十四 氟离子选择性电极测定天然水中的氟含量（离子选择性电极）

一、实验目的

(1)掌握直接电位分析法的基本原理。
(2)学习离子选择性电极的使用及数据处理方法。

二、方法原理

离子选择性电极分析法是电位分析法领域内最具活力的分支之一。该法选择性好,所需仪器设备简单,主要应用于工业生产控制、环境监测以及理论研究等领域。离子选择性电极的种类很多,氟离子选择性电极已实际应用于自来水、工业废水、岩石、氧化物或气体样品中氟的快速测定。

氟离子选择电极是以氟化镧单晶片为敏感膜的电位法指示电极,对溶液中的氟离子具有良好的选择性。氟电极与饱和甘汞电极组成的电池可表示为:

$$Ag,AgCl \left| \begin{bmatrix} 10^{-3} \text{mol/L NaF} \\ 10^{-1} \text{mol/L NaCl} \end{bmatrix} \right| LaF_3 \mid F^- \text{试液} \vdots\vdots KCl(饱和),Hg_2Cl_2 \mid Hg$$

$$E(电池) = E(SCE) - E(F) = E(SCE) - k + \frac{RT}{F}\ln a(F,外)$$

$$= K + \frac{RT}{F}\ln a(F,外) = K + 0.059 \lg a(F,外) \quad (7-15)$$

式中:0.059 为 25℃时电极的理论响应斜率;其他符号具有通常意义。

用离子选择电极测量的是溶液中离子活度,而通常定量分析需要测量的是离子的浓度,不是活度,所以必须控制试液的离子强度。如果测量试液的离子强度维持一定,则上述方程可表示为:

$$E(电池) = K + 0.059 \lg c_F \quad (7-16)$$

用氟离子选择电极测量氟离子的最适宜 pH 值范围为 5.5~6.5。pH 值过低,易形成 HF_2^- 影响氟离子的活度;pH 值过高,易引起单晶膜中 La^{3+} 水解,形成 $La(OH)_3$,影响电极的响应。故通常用 pH=6 的柠檬酸盐缓冲溶液来控制溶液的 pH 值。柠檬酸盐还可消除 Al^{3+}、Fe^{3+}(生成稳定的络合物)的干扰。

三、仪器设备与试剂材料

仪器：离子计或 pH/mV 计、电磁搅拌器、氟离子选择电极、饱和甘汞电极。

试剂：氟离子标准溶液（0.100 0mol/L、1.000 0×10^{-3} mol/L）、柠檬酸钠缓冲溶液（0.5mol/L，要用体积分数50%HCl中和至pH≈6）。

四、实验步骤

1. 仪器准备

将氟电极和饱和甘汞电极分别与仪器相接，开启仪器，预热20min。

2. 清洗电极

取50～60mL超纯水至100mL塑料烧杯中，放入干净的搅拌磁子，插入氟电极与饱和甘汞电极。开启搅拌器，2～3min后，若读数大于－370mV，则需更换超纯水继续清洗，直至读数小于－370mV。

3. 工作曲线法测定水样中氟离子浓度

（1）标准溶液的配制：准确移取10.00mL 0.100 0mol/L 氟离子标准溶液于100mL容量瓶中，加入10.0mL 0.5mol/L 柠檬酸钠缓冲溶液，用超纯水稀释至刻度，摇匀。用逐级稀释法配成浓度为 1×10^{-2} mol/L、1×10^{-3} mol/L、1×10^{-4} mol/L、1×10^{-5} mol/L、1×10^{-6} mol/L 的一组标准溶液。逐级稀释时，只需添加9.0mL 0.5mol/L 柠檬酸钠缓冲溶液。

（2）标准溶液的测定：先用超纯水润洗塑料烧杯和搅拌磁子3～4次，再用少量最低浓度的氟离子标准溶液润洗1～2次；同时用超纯水冲洗氟离子电极，并用滤纸吸干电极上水滴。将剩余的最低浓度的氟离子标准溶液全部倒入烧杯中，插入擦干的电极，开启搅拌，待读数稳定2min后，读取第一个电位值。按浓度从低至高顺序依次测量，每测量一份试液无需清洗电极和烧杯，只需用滤纸吸干电极上的水珠。测量结果记录到表7-3。

表7-3 标准溶液电位值测定结果

标准溶液/mol·L^{-1}	1×10^{-6}	1×10^{-5}	1×10^{-4}	1×10^{-3}	1×10^{-2}
电位值/mV					

（3）水样的测定：分别移取25.00mL水样置于2个50mL容量瓶中，再加入5.00mL 0.5mol/L 柠檬酸钠缓冲溶液，用超纯水稀释至刻度并摇匀，得到氟离子待测溶液，备用。

先用超纯水润洗塑料烧杯和搅拌磁子3～4次，再用少量氟离子待测溶液润洗1～2次；同时用超纯水冲洗氟离子电极，并用滤纸吸干电极上的水滴。将剩余的待测溶液全部倒入烧杯中，插入擦干的电极进行测定，按步骤（2）方法读取稳定电位值，计算其平均值 E_{s1}（表7-4）。

表 7-4 水样电位值测定结果

样品	水样平行 1	水样平行 2	平均值 E_{s1}
电位值 E_s/mV			

4. 一次标准加入法测定水样中氟离子浓度

分别移取 25.00mL 水样置于 4 个 50mL 容量瓶中,再加入 5.00mL 0.5mol/L 柠檬酸钠溶液,并向后 2 个容量瓶中分别准确加入 1.00mL $1.0×10^{-3}$mol/L 氟离子标准溶液,用超纯水稀释至刻度并摇匀,得到氟离子待测溶液,编号备用。

先用超纯水润洗塑料烧杯和搅拌磁子 3～4 次,再用少量待测溶液润洗塑料烧杯和搅拌磁子 1～2 次;同时用超纯水冲洗氟离子电极,并用滤纸吸干电极上水滴。将剩余的待测溶液全部倒入烧杯中,插入擦干的电极进行测定,按步骤(2)方法读取稳定电位值,计算其平均值 E_{s2}(表 7-5)。计算出 E_{s2} 和 E_{s1} 之间差值 ΔE($\Delta E = |E_{s2} - E_{s1}|$)。

表 7-5 水样和标准样测定结果

样品	(水样+标准)平行 1	(水样+标准)平行 2	平均值 E_{s2}
电位值 E_s/mV			

五、数据处理

(1)用测量出的系列标准溶液的数据,在计算机上绘制 $E - \lg c_F$ 曲线,给出线性拟合方程($E = a + b\lg c_F$)及其相关系数 R。

(2)根据水样测得的电位值 E_{s1},用工作曲线法计算出水样中氟离子的浓度。

(3)根据一次标准溶液加入法所得的 ΔE 值和工作曲线法中得到的电极响应斜率 S($S=b$),计算出水样中氟离子的浓度 c_x,公式为:

$$c_x = \frac{c_s V_s}{V_x + V_s}(10^{\Delta E/S} - 1)^{-1} \tag{7-17}$$

式中:c_s、V_s 分别为氟离子标准溶液浓度和体积;c_x、V_x 分别为试液的氟离子浓度和体积。

六、问题讨论

(1)氟离子选择电极在使用时应注意哪些问题?
(2)为什么要清洗氟电极使其响应电位值负于 -370mV?

实验四十五 牙膏中微量氟的测定(离子选择性电极)

一、实验目的

(1)巩固离子选择电极的测量方法和数据处理方法。

(2)学习电位分析法中复杂实际样品的处理方法。

二、方法原理

用离子选择性电极可以进行复杂实际样品中目标离子分析,但由于实际样品中或多或少存在不同的样品基体,基体中的物质对离子选择电极的响应会产生影响。在氟离子选择性电极实际测试中,使用总离子强度缓冲调节剂(TISAB)。它既能控制溶液的离子强度,又能控制溶液的 pH 值,还可消除 Al^{3+}、Fe^{3+} 对测定的干扰。

TISAB 的组成要视被测溶液的成分及被测离子的浓度而定。

三、仪器设备与试剂材料

1. 仪器

离子计或 pH/mV 计、电磁搅拌器、氟离子选择电极、饱和甘汞电极。

2. 试剂

(1) 1×10^{-3}mol/L F^- 标准溶液:准确称取 0.042 0g 在 120℃下烘干的 NaF 固体于塑料烧杯中,用去离子水溶解,转入 1000mL 容量瓶中,定容,摇匀,转入塑料瓶中储存。

(2) 1.000mg/mL F^- 标准工作液:准确称取 2.210 0g 在 120℃下烘干的 NaF 固体于塑料杯中,用去离子水溶解,转入 1000mL 容量瓶中,定容,摇匀,转入塑料瓶中储存。

(3) 100μg/mL F^- 标准工作液:准确移取 10.00mL 1.000mg/L F^- 标准工作液于 100mL 容量瓶中,用去离子水定容,摇匀,转入塑料瓶中备用。

(4) 10μg/mL F^- 标准工作液:准确移取 10.00mL 100μg/mL F^- 标准工作液于 100mL 容量瓶中,用去离子水定容,摇匀,转入塑料瓶中备用。

(5) 总离子强度缓冲调节剂(TISAB):称取 102g KNO_3、83g NaAc、32g 柠檬酸钾,分别溶解后转入 1000mL 容量瓶中,加入 14mL 冰醋酸,用水稀释至 800mL 左右,摇匀,此时溶液 pH 值应在 5~5.6 之间。若超出该范围可用冰醋酸和 NaOH 在 pH 计上调节,完成后,定容,摇匀,备用。此溶液中 KNO_3、NaAc、HAc、柠檬酸钾的浓度基本稳定,大约分别为 1mol/L、1mol/L、0.25mol/L、0.1mol/L。

四、实验步骤

1. 连接仪器、预热

将氟电极和甘汞电极分别与离子计或 pH/mV 计相接,开启仪器开关,预热仪器。

2. 清洗电极

(1) 首先把氟电极在 1×10^{-3}mol/L F^- 标准溶液中浸泡 12h 以上。

(2) 取 50~60mL 去离子水于 100mL 的烧杯中,放入搅拌磁子,插入氟电极和饱和甘汞电极。开启搅拌器 2~3min 后若读数大于 -200mV,则更换去离子水,继续清洗,直至读数小于 -200mV。

3. 样品制备

准确称取 1.000 0g 含氟牙膏于塑料烧杯中,加入 10mL 热浓 HCl,充分搅拌约 20min,加 1~2 滴溴甲酚绿指示剂(呈黄色),依次用固体氢氧化钠、浓氢氧化钠、稀氢氧化钠溶液中和至刚变蓝,再用稀 HCl 调至刚变黄(pH=6.0),转入 100mL 容量瓶中,定容,过滤。保留滤液备用。注意同时做空白。

4. 工作曲线法

(1) 标准系列的配制:分别取 2.00mL、4.00mL、6.00mL、8.00mL、10.00mL 10μg/mL F^- 标准工作液于 5 个 50mL 的容量瓶中,加入 10mL 空白溶液和 10mL TISAB,定容,摇匀。此时浓度系列为 0.4μg/mL、0.8μg/mL、1.2μg/mL、1.6μg/mL、2.0μg/mL。

(2) 测量记录:将标准系列溶液分别倒出部分于塑料烧杯中,放入搅拌磁子,插入经洗净的电极,搅拌 1min,停止搅拌后(或一直搅拌,待读数稳定后),读取稳定的电位值。按顺序从低到高浓度依次测量,每测量一份试液无需清洗电极,只需用滤纸吸干电极上的水珠。测量结果列表记录。

(3) 水样测定:移取 10.00mL 制好的样品滤液于 50mL 容量瓶中,加入 10mL TISAB,定容,摇匀,测定。

5. 标准加入法

准确移取 10.00mL 滤液于 100mL 塑料烧杯中,加入 10mL TISAB,再加入 30mL 去离子水,放入搅拌磁子,插入清洗干净的电极,搅拌,读取稳定的电位值 E_1。再准确加入 1mL 100μg/mL F^- 标准工作液,同样测量出稳定的电位值 E_2,计算出其差值 $\Delta E(\Delta E=E_1-E_2)$。

五、数据处理

(1) 用标准系列溶液数据在半对数坐标纸上绘制 $E-c_F$ 曲线,或在坐标纸上绘制 $E-\lg c_F$ 曲线。

(2) 根据样品测得的电位值,在校正曲线上查其对应浓度,计算牙膏中 F^- 的含量(mg/g)。

(3) 根据标准加入法所得的 ΔE 和从校正曲线上计算得到的电极响应斜率 S 代入式(7-17),计算滤液中 F^- 的含量,进而计算牙膏中氟的含量。

六、问题讨论

(1) 氟离子选择性电极在使用时应注意哪些问题?

(2) 为什么要清洗电极,使其响电位值负于-200mV?

(3) TISAB 在测量溶液中起哪些作用?

(4) 在用电位分析法分析实际样品时经常会使用标准加入法,请说明原因。

(5) 与工作曲线法相比,标准加入法有什么优缺点?标准加入法在哪些情况下比较适用?

实验四十六 氯离子选择性电极性能的测试(设计性实验)

一、实验目的

(1)了解氯离子选择性电极的基本性能及其测试方法。
(2)掌握用氯离子选择性电极测定氯离子浓度的基本原理。

二、原理提示

使用离子选择性电极这一分析测量工具,可以通过简单的电势测量直接测定溶液中某一离子的活度。

离子选择性电极是一种以电势响应为基础的电化学敏感元件,将其插入待测液中时,在膜-液界面上会产生一特定的电势响应值。电势与离子活度间的关系可用 Nernst 方程来描述。实验装置可参照图 7-1,进行实验装置搭建。

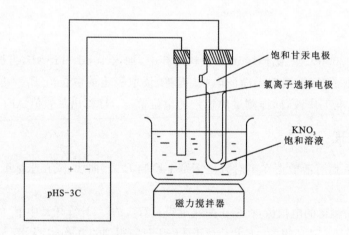

图 7-1 氯离子选择性电极性能测试示意图

三、实验要求

(1)要求测定电极电位与氯离子浓度的关系,确定检测下限。
(2)要求测定电极的选择性系数。
(3)要列出所用的仪器试剂。
(4)写出简明的操作步骤。

四、问题与讨论

(1)评价离子选择性电极的性能有哪些特性参数?
(2)测定电位选择系数有哪几种方法?

(3)实验中能使用饱和氯化钾甘汞电极吗?
(4)电位选择系数 $K_{A,B}^{pot}$ 的物理意义是什么?当 $K_{A,B}^{pot}>1$,$K_{A,B}^{pot}=1$,$K_{A,B}^{pot}<1$ 时分别说明什么问题?

实验四十七　电位滴定法测定氯离子浓度和 AgCl 的 K_{sp}

一、实验目的

(1)掌握电位滴定法测量离子浓度的一般原理。
(2)学会用电位滴定法测定难溶盐的溶度积常数。

二、方法原理

当银丝电极插入含有 Ag^+ 的溶液时,其电极反应的 Nernst 方程可表示为:

$$E = E^{\ominus}(Ag^+, Ag) + \frac{RT}{nF}\ln a(Ag^+) \tag{7-18}$$

如果与一参比电极组成电池可表示为:

$$E(电池) = E^{\ominus}(Ag^+, Ag) + \frac{RT}{nF}\ln a(Ag^+) - E(参比) + E_j \tag{7-19}$$

进一步简化为:

$$E(电池) = K + \frac{RT}{nF}\ln a(Ag^+) = K' + S\lg[Ag^+] \tag{7-20}$$

式中:K' 包括 $E^{\ominus}(Ag^+, Ag)$、$E(参比)$、E_j 和 $a(Ag^+)$ 常数项。银电极不仅可指示溶液中 Ag^+ 的浓度变化,而且也能指示与 Ag^+ 反应的阴离子的浓度变化,例如卤素离子。

本实验利用卤素阴离子(Cl^-)与银离子生成沉淀的溶度积 K_{sp} 非常小,在化学计量点附近发生电位突跃,从而通过测量电池电动势的变化来确定滴定终点。在终点时存在以下公式:

$$[Ag^+] = [X^-] = \sqrt{K_{sp}} \tag{7-21}$$

式中:$[Ag^+]$ 为 Ag^+ 为浓度;$[X^-]$ 为卤素离子的浓度。

若式(7-21)中 X^- 为 Cl^-,代入终点时的滴定电池方程:

$$E_{EP} = K' + S\lg\sqrt{K_{sp}} \tag{7-22}$$

用式(7-22)即可计算出被滴定物质难溶盐的 K_{sp}。而式中 K' 和 S 值可利用第二终点之后过量的 $[Ag^+]$ 与 $E(电池)$ 关系作图求得,由直线的截距确定 K',斜率确定 S。

通常的电位滴定使用甘汞或 AgCl/Ag 参比电极,由于它们的盐桥中含有氯离子会渗漏于溶液中,不适合在这个实验中使用,故可选用甘汞双液接硝酸盐盐桥,或硫酸亚汞电极。

三、仪器设备与试剂材料

1. 仪器

pH/mV 计、电磁搅拌器、银电极、双液接饱和甘汞电极。

2.试剂

(1)硝酸银标准溶液(0.100mol/L):溶解 8.5g AgNO₃ 于 500mL 去离子水中,将溶液转入棕色试剂瓶中置暗处保存。准确称取 1.461g 基准 NaCl 置于小烧杯中,用去离子水溶解后转入 250mL 容量瓶中,加水稀释至刻度,摇匀。准确移取 25.00mL NaCl 标准溶液于锥形瓶中,加 25mL 水,再加 1mL 质量分数 15% K_2CrO_4,在不断摇动下,用 AgNO₃ 溶液滴定至刚刚呈现砖红色即为终点。根据 NaCl 标准溶液浓度和滴定中所消耗的 AgNO₃ 体积,计算 AgNO₃ 的浓度。

(2)其他试剂:Ba(NO₃)₂(固体)、HNO₃(6mol/L)、试样溶液(含 Cl⁻ 为 0.05mol/L 左右)。

四、实验步骤

(1)按图 7-2 所示安装仪器。

(2)用移液管取 20.00mL 的试样溶液于 100mL 烧杯中,再加约 30mL 水,加几滴 6mol/L 硝酸和约 0.5g Ba(NO₃)₂ 固体。将此烧杯放在磁力搅拌器上,放入搅拌磁子,然后将清洗后的银电极和参比电极插入溶液。滴定管应装在烧杯上方适当位置,便于滴定操作。

(3)开动搅拌器,溶液应稳定而缓慢地转动。开始每次加入 1.0mL 滴定剂,待电位稳定后,读取其值和相应滴定剂体积记录在表格里(表 7-6)。随着电位差的增大,减少每次加入滴定剂的量。当电位差值变化迅速,即接近滴定终点时,每次加入 0.1mL 滴定剂。第一终点过后,电位读数变化变缓,就增大每次加入滴定剂量,接近第二终点时,按前述操作进行。

(4)重复测定两次。每次的电极、烧杯及搅拌磁子都要清洗干净。

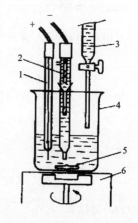

图 7-2 电位滴定装置
1.银电极;2.双盐桥饱和甘汞电极;3.滴定管;4.滴定池(100mL 烧杯);5.搅拌磁子;6.磁力搅拌器

五、数据处理

(1)按表 7-6 格式记录和处理数据。

表 7-6 实验结果记录表

滴入 AgNO₃ 体积 V/mL	电位 E/mV	ΔE/mV	ΔV/mL	$(\Delta E/\Delta V)$/mV·mL⁻¹	平均体积 $\overline{V}$/mL	$\Delta\left(\dfrac{\Delta E}{\Delta V}\right)$	$\dfrac{\Delta^2 E}{\Delta V^2}$

(2)作 $E-V$、$\Delta E/\Delta V - V$、$\Delta^2 E/\Delta V^2 - V$ 滴定曲线。
(3)求算试样溶液中氯离子的浓度(mg/L)。
(4)从实验数据计算 AgCl 的 K_{sp}。

六、问题讨论

(1)在滴定试液中加入 $Ba(NO_3)_2$ 的目的是什么?
(2)请简述电位滴定法与离子选择性电极分析方法的异同点。
(3)请比较实验测得的 K_{sp} 与教材上 K_{sp} 的值,简述产生差别的原因。

实验四十八　非水电位滴定法测定药物中有机碱的含量

一、实验目的

(1)掌握高氯酸-冰醋酸($HClO_4$-HOAc)非水滴定有机碱的原理和方法。
(2)了解自动滴定管的使用要点。
(3)巩固电位滴定曲线的绘制和终点的确定方法。

二、方法原理

药物中的碱性物质比如胺类、生物碱、含氮杂环化合物、有机碱及氨基酸等,可在冰醋酸(HOAc)或惰性溶剂中用高氯酸($HClO_4$)进行滴定。检测终点的方法有指示剂法、电位法等。常用的指示剂为甲基紫、结晶紫,而电位法一般以玻璃电极为指示电极、以饱和甘汞电极为参比电极,通过绘制滴定曲线来确定终点。

在非水介质中滴定碱时,常用的溶剂为冰醋酸。常用高氯酸的冰醋酸溶液为滴定剂,配制滴定剂时带来的水分一般通过加入一定量的醋酸酐除去。$HClO_4$-HOAc 滴定剂一般用邻苯二甲酸氢钾作为基准物质进行标定,反应式为:

$$\text{C}_6\text{H}_4\begin{array}{l}\text{COOK}\\\text{COOH}\end{array} + HClO_4 \rightleftharpoons KClO_4 + \text{C}_6\text{H}_4\begin{array}{l}\text{COOH}\\\text{COOH}\end{array} \quad (7-23)$$

三、仪器设备与试剂材料

仪器:pHS-X 型酸度计或数字离子计、甘汞电极、玻璃电极、磁力搅拌器、10mL 自动滴定管(最小分度 0.05mL)及 500mL 储液瓶。

试剂:冰醋酸(A.R.)及醋酸酐(A.R.)、高氯酸、邻苯二甲酸氢钾(基准试剂)、2g/L 结晶紫冰醋酸溶液作指示剂及待测有机碱样品。

四、实验步骤

实验所用的量具、容器应充分干燥,在 110~120℃烘干 2h。

1. HClO$_4$-HOAc 溶液的配制和标定

取 1000mL 烧杯一个,加入约 800mL 冰醋酸,加入 8.5mL 质量分数 70%～72%的高氯酸混匀,缓缓滴加 23mL 醋酸酐,混匀,冷至室温。再用冰醋酸稀释成 1000mL,转移至试剂瓶中,放置 24h 使醋酸酐与溶液中的水充分反应。

将配制好的 HClO$_4$-HOAc 溶剂倒入自动滴定管的储液瓶中并充至滴定管的零刻度线。

准确称取约 0.16g 已在 110℃干燥 2h 的邻苯二甲酸氢钾置于 125mL 锥形瓶中,加 20mL 冰醋酸,使其完全溶解,加 1 滴结晶紫冰醋酸溶液作指示剂,用待标定的 HClO$_4$-HOAc 溶液滴定,溶液颜色由紫色变为蓝色即为终点。

计算 HClO$_4$-HOAc 溶液的浓度(mol/L):

$$c = \frac{m \times 1000}{204.2 \times V} \tag{7-24}$$

式中:m 为邻苯二甲酸氢钾质量(g);V 为滴定至终点 HClO$_4$-HOAc 溶液消耗的体积(mL)。

另取 20mL 冰醋酸按上述操作进行空白滴定,取得空白值以校正上述结果。

2. 电位滴定

准确称取一定量的待测样品,置于 100mL 烧杯中,加入 25mL(5+1)醋酸酐-冰醋酸(体积比为 5∶1)的混合液 25mL,微热使之溶解并冷却至室温。放入搅拌磁子,将玻璃电极和饱和甘汞电极浸入溶液中,并与酸度计连接(酸度计使用"mV"档),将滴定管尖端插进溶液中,开动电磁搅拌器,测定并记录起始电动势 E。以 HClO$_4$-HOAc 溶液滴定并记录相应的 E,直至超过计量点数毫升为止。

同时以 25mL(5+1)醋酸酐-冰醋酸混合液,按上述操作进行空白滴定。

五、数据处理

(1)以加入的 HClO$_4$-HOAc 溶液体积为横坐标、以相应的 E 为纵坐标,绘制滴定曲线,并由滴定曲线确定终点。

(2)按下式计算试样中有机碱的质量分数:

$$w = \frac{(V - V_0)cM}{m \times 1000} \times 100\% \tag{7-25}$$

式中:w 为有机碱质量分数;m 为试样质量(g);c 为 HClO$_4$-HOAc 标准溶液浓度(mol/L);M 为有机碱的摩尔质量(g/mol);V 为至滴定终点 HClO$_4$-HOAc 溶液消耗的体积(mL);V_0 为空白滴定中 HClO$_4$-HOAc 溶液消耗的体积(mL)。

六、问题讨论

(1)为什么在标定的测定中都要做空白试验?
(2)整个滴定中水分的存在会有什么影响?

实验四十九　电位法络合滴定测定铝的含量（设计性实验）

一、实验目的

(1) 掌握电位法络合滴定的原理及方法。
(2) 学习电位法络合滴定测定铝含量的方法。

二、原理提示

络合滴定测定铝的实验方案设计需要考虑各种因素对实验结果和操作过程复杂性的影响，主要有络合反应速度、多级络合反应造成的突跃不明显造成测试误差等。因此，要选择合适的反应体系及离子选择性电极进行实验。

三、实验要求

(1) 列出所需的仪器与试剂。
(2) 简述滴定的基本过程。
(3) 指出确定终点的方法。
(4) 对滴定结果进行讨论。

四、问题与讨论

(1) 为什么多级络合反应对实验结果准确性带来影响？
(2) 请比较电位络合滴定法与指示剂滴定法的优缺点。

第八章 电解和库仑分析法

实验五十 铜合金中铜的测定及铜合金中铜与铅的同时测定(恒电流电解法)

一、实验目的

(1) 巩固恒电流电解法的理论知识。
(2) 学会应用恒电流电解法测定铜合金中铜的分析方法。
(3) 学会应用恒电流电解法联合测定铜合金中铜和铅的分析方法。
(4) 学会使用金属元素电解分析仪或自行安装恒电流电解分析装置。

二、方法原理

在酸性介质中,当有恒电流通过惰性铂(Pt)电极时,两电极上发生电极反应。
阴极上:

$$Cu^{2+} + 2e \longrightarrow Cu \qquad (8-1)$$

阳极上:

$$H_2O - 2e \longrightarrow 2H^+ + \frac{1}{2}O_2 \uparrow \qquad (8-2)$$

待铜离子浓度降到一定程度时,其他离子如氢离子便在阴极上还原析出,而析出电位低的其他离子不会析出,这样便达到了分离测定铜的目的。如需测定铅的含量,就需使 Pb^{2+} 完全氧化成 PbO_2 析出在阳极上,称其析出量即可得到 Pb^{2+} 的含量。

三、仪器设备与试剂材料

仪器:恒电流电解仪,电解电极(铂丝阳极和铂网阴极各一个)。
试剂:浓 HNO_3(A.R.)、浓 H_2SO_4(A.R.)、尿素(A.R.)、无水乙醇(A.R.)、硫氰化铁溶液(1.5g $FeCl_3$+2g KSCN 溶于 200mL 蒸馏水中)、0.1mol/L $Na_2S_2O_3$ 溶液。

四、实验步骤

1. 电极的准备

将铂网阴极和螺旋状铂阳极依次用温热的体积分数 50% HNO_3 溶液及蒸馏水浸洗,再用无水乙醇洗一次,然后置于洁净的表面皿上,放入 105~110℃烘箱中干燥并使其恒重,记下两电极的重量。若不测定 Pb^{2+} 含量,阳极可不必恒重称重。

2. 试样处理

准确称取 1~3g 试样置于 250mL 烧杯中,加 30mL 体积分数 50% HNO_3 溶液,低温加热使试样溶解后,煮沸并蒸发至近干(体积为 3~5mL)。取下冷却后,加 50mL 体积分数 25% HNO_3 溶液,加热煮沸 10min,加滤纸浆少许并充分搅拌。取下放置片刻,以定性滤纸过滤,收集滤液于 250mL 烧杯中。以热体积分数 2% HNO_3 洗涤沉淀至滤液无 Cu^{2+} 的蓝色后再洗 3~4 次,将滤液用体积分数 2% HNO_3 稀释至 150~200mL,供电解测定铜和铅用。对不含或不需测定铅的铜合金试样,也可用 $H_2SO_4 - HNO_3$ 混合酸溶解。

3. 仪器准备

(1)将电解仪上的电流调节旋钮旋到起始位置,搅拌开关置于"停"处,直流电源开关拨至"断"处,接好直流电源,插上交流电源插头。

(2)安装电极,首先安装阳极(拿取电极时,只能接触电极上端),旋紧固定螺钉,然后再安装阴极,使阳极恰在阴极的中心位置,旋紧固定螺钉,开启交流电源开关和搅拌开关,阳极应转动平稳且不与阴极碰撞。

4. 电解操作

(1)将试液预先加热至 40~60℃,将烧杯置于电极下方,抬高烧杯使电极浸入试液至网状电极露出液面 1cm 处,用带有加热电炉的托盘托住烧杯。

(2)打开直流电源开关并将电解仪上的电源极性闸刀拨至"正电流"位置。

(3)旋转电流调节旋钮至电流表读数为 2A 左右(电压为 2~4V)。

(4)开启搅拌开关。

(5)在电解过程中,随时观察电流表,电流应保持在 2A 左右,若有变动,应进行调节使电流为 2A 左右。在电解过程中,温度应保持在 40~60℃,必要时开启加热电炉片刻。

(6)当溶液中 Cu^{2+} 的淡蓝色全部消失后,将烧杯向上移动少许,或注入少量蒸馏水使部分裸露的电极表面浸入溶液。继续电解 10min,观察新浸入的阴极表面上是否有铜析出。若无铜析出,则示电解已完全;否则应继续电解,直至用此法检查证明电解已完全为止。

(7)电解完全后,关闭搅拌器。在不切断直流电源的情况下,取下烧杯,并以盛有蒸馏水的烧杯浸洗电极 2~3 次,或用蒸馏水吹洗电极。

(8)将电源极性闸刀拨至"断"位置,关闭直流电源开关和交流电源开关。

(9)依次小心取下阴极和阳极,用蒸馏水洗净后并用无水乙醇浸洗一次,置于洁净的表面皿上,放入烘箱内于 110℃烘至恒重,记下数据。若不测定铅则不必如此法处理阳极。

(10)测定完毕后,将阴极浸入(1+1)HNO_3 溶液中并加热使铜溶解完全,然后再用蒸馏水清洗干净,烘干称重,其重量应与使用前相同。将阳极浸入体积分数 10% $H_2C_2O_4$ 溶液或浸入含少量 H_2O_2 的(1+1)HNO_3 溶液中,使 PbO_2 溶解完全,然后用蒸馏水清洗干净,烘干并称重,其重量应与使用前完全相同。

五、数据处理

试样中含铜量计算公式为：

$$w_{Cu} = \frac{W_2 - W_1}{W_{样}} \times 100\% \tag{8-3}$$

式中：w_{Cu} 为含铜量(%)；W_2 为电解完成后阴极的重量(g)；W_1 为电解前阴极的重量(g)；$W_{样}$ 为分析试样的重量(g)。

试样中含铅量计算公式为：

$$w_{Pb} = \frac{(W_2' - W_1') \times 207}{W_{样} \times 239.2} \times 100\% \tag{8-4}$$

式中：w_{Pb} 为含铅量(%)；W_2' 为电解完成后阳极的重量(g)；W_1' 为电解前阳极重量(g)；$W_{样}$ 为分析试样的重量(g)。

六、问题讨论

(1) 想要得到牢固、致密、纯净的分析物，在实验中应注意哪些实验条件？
(2) 与控制电位电解法相比较，恒电流电解法有哪些优缺点？

实验五十一　库仑滴定法测定硫代硫酸钠的浓度

一、实验目的

(1) 掌握库仑滴定法的原理及永停终点法指示滴定终点的方法。
(2) 应用法拉第定律求算未知物浓度。

二、方法原理

在酸性介质中，0.1mol/L 碘化钾(KI)在铂阳极上电解产生"滴定剂"I_2 来"滴定"$S_2O_3^{2-}$，滴定反应为：

$$I_2 + 2S_2O_3^{2-} \rightleftharpoons S_4O_6^{2-} + 2I^- \tag{8-5}$$

用永停终点法指示终点，由电解时间和通入的电流按法拉第定律计算 $Na_2S_2O_3$ 浓度。

三、仪器设备与试剂材料

仪器：自制恒电流库仑滴定装置或商品库仑计、铂片电极(4个，尺寸约 0.3cm×0.6cm)、秒表。

试剂：0.1mol/L KI 溶液(称取 1.7g KI 溶于 100mL 蒸馏水中待用)、未知 $Na_2S_2O_3$ 溶液。

四、实验步骤

连接好装置线路，铂工作电极接恒电流源的正端，铂辅助电极接负端并把它装在玻璃套管中。电解池中加入 5mL 0.1mol/L KI 溶液,放入搅拌子,插入 4 个铂电极并加入适量蒸馏水使电极恰好浸没,玻璃套管中也加入适量 KI 溶液。用永停终点法指示终点,并调节加在铂指示电极上的直流电压 50~100mV。开启库仑滴定计恒电流源开关,调节电解电流为 1.00mA,此时铂工作电极上有 I_2 产生,回路中有电流显示(若使用检流计则其光点开始偏转),此时应立即用滴管加几滴稀 $Na_2S_2O_3$ 溶液,使电流回至原值(或检流计光点回至原点)并迅速关闭恒电流源开关。这一步可称为预滴定,能将 KI 溶液中的还原性杂质除去。仪器调节完毕即可开始进行库仑滴定测定。

准确移取 1.00mL 未知 $Na_2S_2O_3$ 溶液于上述电解池中,开启恒电流源开关,同时记录时间(用秒表),库仑滴定开始,直至电流显示器上有微小电流变化(或检流计光点慢慢发生偏转),立即关恒电流源开关,同时记录电解时间,一次测定完成,接着可进行第二次测定,重复测定 3 次。

五、数据处理

(1) 计算 $Na_2S_2O_3$ 浓度。

$$w(Na_2S_2O_3) = \frac{i \times t}{96\ 485 V}(mol \cdot L^{-1}) \tag{8-6}$$

式中:i 为电流(mA);t 为电解时间(s);V 为试液体积(mL)。

(2) 计算浓度的平均值和标准偏差。

六、问题讨论

(1) 试说明永停终点法指示终点的原理。
(2) 写出铂工作电极和铂辅助电极上的反应。
(3) 本实验中是将铂阳极还是铂阴极隔开?为什么?

实验五十二 化学指示剂指示终点的库仑滴定法(设计性实验)

一、实验目的

(1) 进一步熟悉库仑滴定法的基本原理。
(2) 了解库仑滴定法确定终点的方法,在实验中正确选择和应用指示剂。
(3) 掌握电生 I_2 滴定砷的实验方法。

二、原理提示

库仑滴定法是由电解产生的滴定剂来滴定待测物质的分析方法。该方法需终点指示,使用的反应都必须快速、完全且无副反应发生。终点指示可采用化学指示剂指示或电位的突跃指示。

三、实验要求

(1)列出所需要的仪器、试剂。
(2)列出实验步骤。
(3)进行实际测定和结果的计算。

四、问题讨论

(1)库仑滴定法的前提条件是什么?
(2)讨论滴定过程所加入各试剂的作用。
(3)简述库仑滴定法确定终点的常用方法的优缺点。
(4)若实验中碘化钾(KI)被空气氧化对于测定结果有无影响?如何消除影响?

第九章 伏安和极谱分析法

实验五十三 极谱分析中的氧波、极大现象及迁移电流的消除

一、实验目的
(1) 熟悉极谱分析的基本原理。
(2) 掌握在极谱测量中消除干扰电流的方法。

二、方法原理
极谱法是在静止溶液中以滴汞电极(DME)为工作电极的伏安法。在通常的极谱分析中,滴汞周期为3～5s,施加在滴汞电极上的电压线性变化很慢,约为0.2V/min。记录连续滴落汞滴上的 i-E 曲线呈"S"形,被称为极谱图。

滴汞电极的"电位窗口"相对参比电极在负值区,溶液中的溶解氧在此范围产生两个还原波,干扰大多数物质的测定,必须采取适当的方法以消除氧的干扰。在不同的介质中,需选用不同的除氧方法。本实验是在中性溶液中,可通纯氮气除氧。

在极谱分析时,一些物质在滴汞电极上反应,电流随极化电压的增加而迅速增大到一极大值,然后下降到扩散电流的正常值。这种极谱曲线上出现的比扩散电流大得多的不正常"电流畸峰",被称为"极谱极大"。影响极谱极大的形成、形状及大小的因素很多。一般说来,溶液愈稀,极大现象也就愈明显。然而极大的大小与被测物的浓度没有简单关系,故应加以除去。在溶液中加入少量的表面活性物质,能抑制极大现象。常用的试剂有明胶、聚乙烯醇、TritonX-100等。

迁移电流是被测离子在外加电场的作用下,正离子向负极移动,负离子向正极移动,并分别在电极上被还原和氧化所产生的电流。迁移电流与被测离子没有定量关系,故必须除去。消除的方法是在极谱试液中加入大量的"惰性支持电解质"。常用的惰性支持电解质有 KCl、KNO_3、NH_4Cl、HCl 等。

三、仪器设备与试剂材料
仪器:极谱仪。
试剂:氯化钾溶液(0.1mol/L、0.01mol/L)、0.010mol/L $PbCl_2$ 溶液、质量分数0.5%明胶溶液。

四、实验步骤

1. 溶解氧的极谱波和极大现象

取 1.0mL 0.01mol/L KCl 溶液,置入极谱电解池中,再加入 9.0mL 蒸馏水,采用移液管挤入空气气泡,使试液中的溶解氧尽量达到饱和。然后提高储汞瓶,待汞滴流出后,用蒸馏水吹洗电极,并用滤纸吸干蒸馏水,插入电解池的试液中,调节汞柱高度,使滴汞周期为 3~5s。在外加电压-2.0~0V 之间记录极谱波。

2. 极大现象的抑制

在上述测量溶液中,滴加两滴明胶(此时明胶质量分数约 0.005%),搅匀。在-2.0~0V 电压之间记录极谱波。

3. 氧波的消除

向步骤 2 的测定溶液中通纯氮气 10min,然后再次记录极谱波。

4. 迁移电流及其消除

(1)取 1.0mL 0.01mol/L $PbCl_2$ 于 10mL 小烧杯中,滴加两滴质量分数 0.5%明胶,加 9.0mL蒸馏水,通纯氮气 5min,在-0.2~0.7V 间记录极谱图。

(2)分别取 1.0mL 0.01mol/L $PbCl_2$ 置于两个 10mL 小烧杯中,其中一个烧杯中加入 9.0mL 0.1mol/L KCl 溶液,另一个烧杯中加入 9.0mL 0.01mol/L KCl 溶液。分别滴加两滴质量分数 0.5%明胶,通纯氮气 5min,在-0.2~0.7V 之间记录它们的极谱图。

实验完毕后,移去电解池,用蒸馏水吹洗电极几次,滤纸沾干水后,降下储汞瓶。清理实验中滴落的废汞,储于安全地方。

五、数据处理

(1)用文字注明每幅极谱图的实验条件。
(2)列表记录 Pb^{2+} 的极谱电流 i_d 与 KCl 浓度的关系。

六、问题讨论

(1)比较氧波、极大及除氧后的极谱波,并写出氧在滴汞电极上的化学反应式。
(2)简述测试过程中氧波可能对测试结果带来的影响。
(3)简述极谱测定中的除氧方法。
(4)阴离子在滴汞电极上还原时,迁移电流的存在将会如何影响被测物质的测量结果?

实验五十四　极谱法定性和定量测定铜

一、实验目的

(1)了解半波电位的意义及其应用。
(2)掌握直接比较法定量测定铜的原理和方法。

二、方法原理

在极谱分析中,对于绝大多数可还原金属离子的可逆电极反应(还原所得金属不溶于汞的反应除外),其半波电位 $E_{1/2}$ 为:

$$E_{1/2} = E^{\theta} - \frac{RT}{nF} \ln \frac{\gamma_a \cdot D_s^{1/2}}{\gamma_s \cdot D_a^{1/2}} \tag{9-1}$$

式中:γ_s、D_s 为金属离子在溶液的活度系数与扩散系数;γ_a、D_a 为金属在汞齐中的活度系数与扩散系数;E^{θ} 为条件电极电位;R 为气体常数;T 为温度;n 为电子转移数;F 为法拉第常数。在一定底液及实验条件下,$E_{1/2}$ 与浓度无关,是某一还原物质的特性,故可根据半波电位进行定性分析。

在实际工作中,大都通过半波电位了解在某种溶液体系中有关物质产生极谱波的电位,从而制订具体分析步骤和考虑其他共存物质的干扰,很少采用极谱法进行定性分析。

铜在以氨及氯化铵为支持电解质、用亚硫酸钠除氧、明胶作为极大抑制剂的底液中,产生两个可逆的极谱波。第一个波相当于铜(Ⅱ)还原为铜(Ⅰ),第二个波相当于铜(Ⅰ)还原为金属铜,其电极反应如下:

$$Cu(NH_3)_4^{2+} + e = Cu(NH_3)_2^+ + 2NH_3 \quad E_{1/2} = -0.25V \tag{9-2}$$

$$Cu(NH_3)_2^+ + e + Hg = Cu(Hg) + 2NH_3 \quad E_{1/2} = -0.54V \tag{9-3}$$

在上述条件下,Cd^{2+}、Ni^{2+}、Zn^{2+} 等的半波电位分别为 $-0.84V$、$-1.12V$ 及 $-1.39V$(以上均对 SCE,saturaded calomel electrode,即饱和甘汞电极)。

三、仪器设备与试剂材料

仪器:极谱仪、滴汞电极、饱和甘汞电极。

试剂:2mol/L NH_4Cl - 2mol/L NH_4OH 溶液,0.01mol/L 的 Cu^{2+}、Cd^{2+}、Ni^{2+} 和 Zn^{2+} 溶液,质量分数 0.5% 明胶溶液,1.00×10^{-3} mol/L Cu^{2+} 标准溶液,待测含 Cu^{2+} 未知溶液。

四、实验步骤

1. 定性分析实验

用移液管分别准确吸取 1.0mL Cu^{2+}、Cd^{2+}、Ni^{2+} 及 Zn^{2+} 溶液于 25mL 容量瓶中。加入 10.0mL 2mol/L NH_4Cl - 2mol/L NH_4OH 溶液、0.5mL 质量分数 5% 明胶溶液及数十粒 Na_2SO_3 颗粒,用水稀释至刻度,摇匀。然后倒出部分溶液于电解池,在极谱仪上自 $-0.2 \sim -1.8V$ 作极谱图。

2. 铜定量分析实验

准确移取 3.0mL 1.00×10^{-3} mol/L Cu^{2+} 标准溶液于 25mL 容量瓶中。与上述手续相同,分别加入氨性底液、质量分数 0.5% 明胶及 Na_2SO_3 固体颗粒等,并稀释至刻度,摇匀,倒入电解池中,在 $-0.2 \sim -0.8V$ 记录极谱图。同样方法配制并测定未知液。

五、数据处理

(1)从记录的 Cu^{2+}、Cd^{2+}、Ni^{2+} 及 Zn^{2+} 的极谱曲线上,用作图法求出它们的半波电位。

(2)用作图法求出标准溶液和未知样品的波高,用直接比较法计算试样中铜的百分含量。

六、问题讨论

(1)半波电位与哪些因素有关?在什么情况下能根据半波电位对被测物质进行定性分析?
(2)实验中除被测离子外,所加的各种试剂起何作用?
(3)为什么不取铜的第一个波进行定量分析?
(4)讨论极谱法在元素或化合物定性分析中的意义及存在的问题。

实验五十五 单扫描示波极谱法测定水样中微量铅

一、实验目的

(1)熟悉单扫描示波极谱法的基本原理和特点。
(2)掌握示波极谱仪的使用方法。
(3)学习用极谱法测定铅的方法。

二、方法原理

单扫描示波极谱法是为克服经典极谱法的不足而发展起来的快速电分析测量技术之一,具有测量灵敏度高、操作方便、简单等特点。

单扫描示波极谱法与经典极谱法的主要不同之处是:①扫描速度不同,经典极谱法扫描比较慢,约 0.2V/min,而单扫描示波极谱法比较快,一般大于 0.2V/s;②施加极化电压的方式和记录谱图方法不同,经典极谱法极化电压加在连续滴落的多滴汞上才完成一个极谱图,而单扫描示波极谱法仅施加在一滴汞的生长后期 1~2s 瞬间内完成一个极谱图,前者采用笔录式记录法,而后者采用阴极射线示波管法;③定量分析依据的电流方程也不同,经典极谱服从 Ilkovich 方程,而示波极谱法则服从 Randles-Sevcik 方程。

在 0.88mol/L KBr-0.72mol/L HCl 底液中,铅在 0~5μg/mL 范围内峰高和浓度成正比。加入铁粉和抗坏血酸还原可去除复杂水样中铁、锌、镁等元素的干扰。

三、仪器设备与试剂材料

仪器:JP-1A 型或 JP-2 型示波极谱仪。
试剂:1mg/mL 铅标准储备液、50μg/mL 铅标准工作液、(1+1)HCl、铁粉、质量分数 10% 抗坏血酸、4mol/L KBr 溶液。

四、实验步骤

(1)标准系列的配制,准确移取 0mL、1.00mL、2.00mL、3.00mL、4.00mL、5.00mL

$50\mu g/mL$ 的铅标准工作液于 50mL 容量瓶中,加入 6mL(1+1)HCl,再加 3mL 质量分数 10%抗坏血酸,加入 10mL 4mol/L KBr 溶液 10mL,定容,所得铅标准系列浓度为 $0\mu g/mL$、$1.00\mu g/mL$、$2.00\mu g/mL$、$3.00\mu g/mL$、$4.00\mu g/mL$、$5.00\mu g/mL$。

(2)水样处理:准确移取 5mL 水样于 50mL 的容量瓶中,以下处理同标准系列配制。

(3)将标准系列溶液及水样分别倒入小电解杯中,依次置于仪器电极下使电极浸入溶液中(注意电极不能碰到杯壁),在$-0.40V$左右观测峰高。在测定不同样品时注意更换样品中间要清洗电极。

(4)测试完成后清理测定后产生的废汞(回收)。

五、数据处理

(1)根据实验数据绘制峰高-浓度曲线。
(2)根据样品测试峰高在工作曲线上查得浓度,并计算原水样中铅的浓度($\mu g/mL$)。

六、问题讨论

(1)单扫描示波极谱法的主要特点是什么?
(2)导数波方式测量有何优点?
(3)解释单扫描示波极谱波呈平滑峰形的原因。

实验五十六 单扫描示波极谱法定性分析及测定水样中的锌

一、实验目的

(1)进一步熟悉巩固单扫描示波极谱法的使用方法。
(2)学习用半波电位进行元素定性分析。
(3)掌握极谱定量分析方法。

二、实验原理

实验原理见本章"实验五十五 单扫描示波极谱法测定水样中微量铅"相关原理内容。在氨性底液中,锌的半波电位约$-1.45V$,可形成良好极谱峰,电极反应如下:

$$Zn(NH_3)_4^{2+} + Hg + 2e \longrightarrow Zn(Hg) + 4NH_3 \qquad (9-4)$$

三、仪器设备与试剂材料

仪器:JP-1 型或 JP-2 型示波极谱仪、三电极系统(滴汞电极-银氯化银电极-铂片电极)。

试剂:$0.05mol/L\ Cd^{2+}$、Cu^{2+}、Zn^{2+} 溶液,$5\times10^{-3}mol/L\ Zn^{2+}$ 标准溶液,pH 缓冲溶液($1mol/L\ NH_3\cdot H_2O-1mol/L\ NH_4Cl$ 溶液),质量分数 10% Na_2SO_3 溶液(现配现用)。

四、实验步骤

1. Cd^{2+}、Cu^{2+}、Zn^{2+}溶液的峰电位测定

在10mL电解杯中,加入1mL 1mol/L $NH_3 \cdot H_2O$ - 1mol/L NH_4Cl的pH缓冲溶液,分别加入2~3滴0.05mol/L Cd^{2+}、Cu^{2+}、Zn^{2+}溶液和1mL质量分数10%的Na_2SO_3溶液,加水至10mL左右,用示波极谱仪分别测定,观察并记录各离子的峰电位。

2. 待测水样中锌的测定

标准系列配制:取6个50mL容量瓶,依次加入0mL、2.00mL、4.00mL、6.00mL、8.00mL、10.00mL 5×10^{-3} mol/L的Zn^{2+}标准溶液。分别再加入5mL 1mol/L $NH_3 \cdot H_2O$-1mol/L NH_4Cl溶液和4mL质量分数10%的Na_2SO_3溶液,用去离子水稀释至刻度,此时标准系统浓度为0mol/L、2.00×10^{-4} mol/L、4.00×10^{-4} mol/L、6.00×10^{-4} mol/L、8.00×10^{-4} mol/L、1.00×10^{-3} mol/L。

待测水样处理:取10mL待测水样,其他处理方法同标准系列配制过程。

极谱测量:先将被测溶液到入10mL电解杯中,然后将3个电极插入电解杯液面之下(不要紧靠杯壁),设置仪器扫描电位在步骤1中确定的Zn^{2+}峰电位附近,按照浓度由低向高依次测量,最后清洗电极,测定待测水样。分别记录各溶液的峰电流和峰电位。

五、数据处理

(1)记录Cd^{2+}、Cu^{2+}、Zn^{2+}的峰电位。

(2)由极谱曲线求出标准系列溶液和待测水样的极谱电流峰高,以峰高对锌浓度作标准曲线,计算待测水样中锌离子的浓度。

六、问题讨论

(1)为什么在极谱测量中电极不能与电解杯接触?

(2)为什么电解杯所取的试液体积不用准确移取?

实验五十七 极谱催化波测定自来水中痕量钨、钼 (设计性实验)

一、实验目的

(1)掌握极谱催化波的原理。

(2)通过钨、钼的极谱催化波的测定,掌握其分析方法。

二、原理提示

催化极谱法是目前生产过程中钨、钼含量分析的主要解决手段之一。该方法快速、简

便、成本低廉。

在合适的底液条件下,钨和钼均能产生灵敏的极谱催化波,这是因为平行催化反应还伴随着配位吸附而产生特大电流。在一定的浓度范围内,电流峰高与浓度成正比。该方法可实现钼和钨的连续测定。

三、实验要求

(1)查阅文献资料,学习极谱催化波的产生机理。
(2)拟订测定自来水中钨、钼的实验方案。
(3)列出所用的仪器试剂。
(4)写出简明的操作步骤。

四、问题讨论

(1)极谱催化波与受扩散控制的极谱波有什么本质的区别?
(2)产生极谱催化波的条件是什么?
(3)催化波有哪些类型?各有什么特征?

实验五十八 极谱法测定镉离子的半波电位和电极反应的电子数

一、实验目的

(1)学习极谱法测定电极反应的电子数和半波电位的基本原理与方法。
(2)理解半波电位的实际意义。

二、方法原理

对可逆电极反应为:

$$O + ne \longleftrightarrow R \tag{9-5}$$

式中:O 为氧化态;R 为还原态。

对应的极谱波方程式为:

$$E_{de} = E^{\ominus} - \frac{RT}{nF}\ln\frac{D_s^{1/2}}{D_a^{1/2}} - \frac{RT}{nF}\ln\frac{i}{i_d - i} \tag{9-6}$$

式中:D_s 为金属离子在溶液中的扩散系数;D_a 为金属在汞齐中的扩散系数;E_{de} 和 i 为极谱波上任意一点相应的电位及电流值;i_d 为极谱扩散电流;其他符号有通常意义。在波的中点处,$i = i_{d/2}$ 时的 E_{de} 即为半波电位 $E_{1/2}$,此时上式中最后一项等于零,故得:

$$E_{de} = E^{\ominus} - \frac{RT}{nF}\ln\frac{D_s^{1/2}}{D_a^{1/2}} \tag{9-7}$$

由以上两式有:

$$E_{de} = E_{1/2} - \frac{RT}{nF}\ln\frac{i}{i_d - i} = E_{1/2} - \frac{0.059}{n}\ln\frac{i}{i_d - i}(25℃) \tag{9-8}$$

式(9-8)是测定可逆极谱波电极反应中 n、$E_{1/2}$ 的依据。

一般说来,测定 n 和 $E_{1/2}$ 有两种方法。

1. 由极谱图上求得

在极谱图上(图9-1),首先延长残余电流切线 A 至极限电流平坦线 B 之下,其间高度为极谱扩散电流 i_d。取 i_d 的 1/2 处作平行于残余电流切线的延长线并和极谱波相交于 C 点,由交点 C 处作垂线和横轴相交于 D 处,即为 $E_{1/2}$。

按上述同样方法确定 $E_{1/4}$ 和 $E_{3/4}$ 的电位值,用下式计算 n:

$$E_{1/4} - E_{3/4} = 2.303\frac{RT}{nF}\lg 9 = 0.954\left(\frac{2.303RT}{nF}\right) \tag{9-9}$$

在 25℃时,n 的公式为:

$$n = \frac{(E_{1/4} - E_{3/4})}{0.056} \tag{9-10}$$

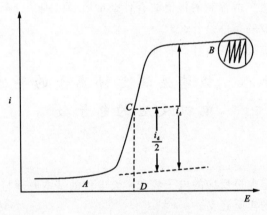

图 9-1 极谱图

2. 极谱波方程的对数分析

根据下式:

$$E_{de} = E_{1/2} - \frac{0.059}{n}\ln\frac{i}{i_d - i} \tag{9-11}$$

整理得:

$$\lg\frac{i}{i_d - i} = \frac{n}{0.059}E_{1/2} - \frac{n}{0.059}E_{de} \tag{9-12}$$

若将 $\lg\frac{i}{i_d - i}$ 对 E_{de} 作图,将得一条直线,其斜率为 $\frac{n}{0.059}$,对数项为零时的电位即为 $E_{1/2}$。

三、仪器设备与试剂材料

仪器:极谱仪。

试剂:1.00×10^{-2} mol/L 镉标准溶液、1mol/L HCl、质量分数 0.5% 明胶、纯氮气(99.9%以上)。

四、实验步骤

在两个 25mL 容量瓶中,分别加入 0.25mL 和 0.5mL 1.00×10^{-2} mol/L Cd^{2+} 标准溶液,然后各加入 5.0mL 1mol/L HCl,滴加 3 滴质量分数 0.5%明胶溶液,用蒸馏水稀释至刻度,摇匀。

依次取上述试液的部分于电解池中,通氮气 10min,充分除氧后,进行测量,记录 $-0.2\sim-1.0$V(vs. SCE)范围内的极谱图。

五、数据处理

(1) 按方法原理中介绍的两种方法求算电子转移数 n 和半波电位 $E_{1/2}$。
(2) 按极谱波方程对数分析方法计算出 n 和 $E_{1/2}$。

六、问题讨论

(1) 本实验测出的 n 和 $E_{1/2}$ 与文献值比较有无差别?讨论可能引起差别的原因。
(2) 本实验中求 n 和 $E_{1/2}$ 的两种方法各有哪些优点?

实验五十九　循环伏安法测定铁氰化钾电极反应过程

一、实验目的

(1) 了解循环伏安法测定电极反应参数的基本原理与方法。
(2) 了解伏安仪的基本操作。
(3) 了解固体电极的处理方法。

二、方法原理

循环伏安法是将循环变化的电压(图 9-2)施加于工作电极和参比电极之间,记录流过工作电极与对电极的电流,以电流为纵坐标、以电极电位为横坐标,得到循环伏安图(图 9-3)。当电极电位从高到低扫描时,工作电极表面发生电化学还原反应 $O+ne \longrightarrow R$,反之发生电化学氧化反应 $R-ne \longrightarrow O$。若电极反应的电子转移速率相对于物质传递足够快,电极反应视为可逆,反应物在电极表面的浓度与电极电势的关系符合 Nernst 方程。例如铁氰化钾体系[$Fe(CN)_6^{3-}$/$Fe(CN)_6^{4-}$]能够和工作电极迅速交换电子,该电对属电化学可逆电对,该体系是电化学工作者常用的探针之一,通过铁氰化钾的循环伏安图可反映工作电极表面状况。

在铁氰化钾的循环伏安实验时,循环扫描的电势区间一般选择 $0.8\sim-0.2$V(图 9-2),其实电位 E_i 设为 0.8 或 0.2V 都可(图 9-2 中选 0.8 V),得到的循环伏安图如图 9-3 所示。电极电势由高到低($a \rightarrow d \rightarrow f$)扫描时,电极表面发生还原反应 $Fe(CN)_6^{3-}+e \longrightarrow Fe(CN)_6^{4-}$,得到的阴极电流呈峰状,峰顶点对应的电势称为还原峰峰电势 E_{pc},峰顶点与基线切线之间铅垂线高度为还原峰峰电流 i_{pc};反之,发生氧化反应,相应地有氧化峰峰电势 E_{pa}

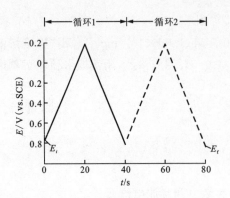
图 9-2 循环伏安法电压扫描方式示意图

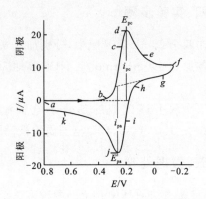
图 9-3 $Fe(CN)_6^{3-}/Fe(CN)_6^{4-}$ 循环伏安图

和氧化峰峰电流 i_{pc}。E_{pa}、E_{pc} 及其差值，i_{pa}、i_{pc} 及其比值等都是非常重要的电化学参数。对可逆电极反应，i_p 为：

$$i_p = 2.69 \times 10^5 n^{3/2} D^{1/2} v^{1/2} AC \quad (9-13)$$

式中：A 为电极面积(cm^2)；D 为反应物的扩散系数(cm^2/s)；v 为电势扫描速度(V/s)；c 为反应物浓度(mol/L)。式(9-13)即为可逆电极反应的 Randles-Sevcik 方程(扩散电流方程)。该式表明，扩散电流的 i_p 与 c、$\sqrt{v}$ 成正比，利用该式可通过 D 求 n 或已知 n 求 D。

峰电势 E_p 与经典极谱波的半波电势 $E_{1/2}$ 的关系为：

$$E_p = E_{1/2} \pm 1.109 \frac{RT}{nF} \quad (9-14)$$

式中：±号中的+、-分别适用于阳极峰(E_{pa})和阴极峰(E_{pc})。对简单可逆电极反应，峰电势与扫描速度及电活性物质的浓度无关，利用这一特征可方便地判断电极反应的可逆性。简单电极反应的可逆性还可通过 i_{pa} 与 i_{pc} 的比值、E_{pa} 与 E_{pc} 的差值 ΔE_p 进行判断，ΔE_p 越大，i_{pa} 与 i_{pc} 的比值偏离 1 越远，电极反应可逆性越差。

$$\frac{i_{pa}}{i_{pc}} \approx 1 \quad (9-15)$$

$$\Delta E_p = E_{pa} - E_{pc} \approx \frac{2.218RT}{nF} \approx \frac{57}{n} mV(25℃ 时) \quad (9-16)$$

三、仪器设备与试剂材料

仪器：CHI660A 电化学工作站、电解池、含三电极系统(玻碳工作电极、铂丝对电极、饱和甘汞参比电极)、超声清洗器。

试剂：0.05mol/L $K_3Fe(CN)_6$ 储备液、1.0mol/L KNO_3 溶液。

四、实验步骤

1. $K_3Fe(CN)_6$ 溶液的配制

配制 0.5mol/L KNO_3 + (0mmol/L、0.5mmol/L、1mmol/L、2mmol/L、4mmol/L)

$K_3Fe(CN)_6$ 溶液,置于 5 个 10mL 电解池中,依次记为 0#、1#、2#、3#、4# 溶液。

2. 固体电极表面处理及测试

(1)电极处理:将工作电极在加有抛光粉悬浊液(氧化铝粉,粒径有 $1.0\mu m$、$0.3\mu m$ 和 $0.05\mu m$ 三种,由粗到细进行)的抛光布上进行机械抛光,每次抛光后用蒸馏水冲洗,再用蒸馏水超声清洗 2~3 次,每次 1~2min。

(2)电极测试:打开 CHI660A 伏安仪和计算机,完成测试。如曲线阴、阳极峰对称,两峰的电流值相等($i_{pc}/i_{pa}\approx1$),峰峰电位差 ΔE_p 约 80mV(理论值约 60mV),即说明电极表面已处理好。

3. 铁氰化钾体系 $[Fe(CN)_6^{3-}/Fe(CN)_6^{4-}]$ 电极反应过程测试

将表面处理干净的工作电极,按照步骤 2 的连接方式,分别测定不同浓度 $K_3Fe(CN)_6$ 试液在不同扫速下的循环伏安图,如表 9-1 所示。

注意事项:每次扫描之前,应将电极提起后再放入溶液中(或搅拌溶液),以破坏前一次扫描形成的扩散层。扫速由高到低进行。

表 9-1 铁氰化钾体系电极反应过程测试结果表

扫速	200mV/s	100mV/s	50mV/s	25mV/s
0# 溶液	×	×	√	×
1# 溶液	√	√	√	√
2# 溶液	√	√	√	√
3# 溶液	√	√	√	√
4# 溶液	√	√	√	√

五、数据处理

(1)从 $K_3Fe(CN)_6$ 溶液的循环伏安图测定 i_{pa}、i_{pc}、φ_{pa}、φ_{pc}。

(2)分别以 i_{pc} 和 i_{pa} 对 $v^{\frac{1}{2}}$ 作图,说明峰电流与扫描速率(扫速)间的关系。

(3)计算 $\dfrac{i_{pa}}{i_{pc}}$、φ^{θ} 和 $\Delta\varphi$。

(4)从实验结果说明 $K_3Fe(CN)_6$ 在 KNO_3 溶液中极谱电极过程的可逆性。

六、问题讨论

(1)解释 $K_3Fe(CN)_6$ 溶液的循环伏安图形状。

(2)如何用循环伏安法来判断极谱电极过程的可逆性?

(3)若 φ^{θ} 和 $\Delta\varphi$ 的实验结果与文献值有差异,试说明其原因。

实验六十　阳极溶出伏安法测定水样中微量镉

一、实验目的

(1)掌握阳极溶出伏安法的基本原理。
(2)学会用溶出伏安法测定微量镉。

二、方法原理

阳极溶出伏安法的操作分为两步:第一步是预电解,第二步是溶出。试液除氧后,金属离子在产生极限电流的电位处电解富集在工作电极上,静止30s或1min。以一定的方式使工作电极由负向正的方向扫描,则电极上电沉积的金属会重新氧化,记录下阳极波。峰电流(波高)与被测离子成比例。

峰电流的大小与预电解时间、预电解时搅拌溶液速度、预电解电位、工作电极及溶出方式等因素有关。为了获得再现性的结果,实验时必须严格控制实验条件。

三、仪器设备与试剂材料

仪器:极谱仪或溶出伏安仪、银基汞膜电极和银-氯化银电极、$x-y$函数记录仪、秒表。

试剂:1.000×10^{-3} mol/L Cd^{2+} 标准溶液[准确称取 0.228 4g $CdCl_2 \cdot 2\frac{1}{2}H_2O$(A.R.),用蒸馏水溶解后移入1000mL容量瓶中,稀释至刻度,摇匀,备用]、0.25mol/L KCl 溶液[称取 18.64g KCl(A.R.),用蒸馏水稀释至1000mL]、0.1mol/L HCl、未知镉试液。

四、实验步骤

1.电极准备

(1)汞膜电极:用湿滤纸蘸取去污粉擦净电极表面,用蒸馏水冲洗后浸在(1+1)HNO_3中,待表面刚变白后立即用蒸馏水冲洗并沾汞。初次沾汞往往浸润性不良,可用干滤纸将沾有少许汞的电极表面擦匀擦亮,再用(1+1)HNO_3把此汞膜溶解,蒸馏水洗净后重新涂汞膜。每次沾涂1滴汞(4~5mg),涂汞需在 Na_2SO_3 除 O_2 的氨水中进行。

新制备的汞膜电极应在 0.1mol/L KCl 溶液(Na_2SO_3除O_2)中于-1.8V(vs·Ag|AgCl 电极)阴极化并正向扫描至-0.2V,如此反复扫描约3次后,电极便可使用。

实验结束后,将该电极浸在 0.1mol/L $NH_3 \cdot H_2O - NH_4Cl$ 溶液中待用。

(2)Ag|AgCl 电极:银电极表面用去污粉擦净,在 0.1mol/L HCl 中氯化。以银电极为阳极,铂电极为阴极,外加$+0.5$V 电压后银电极表面逐步呈暗灰色。为使制备的电极性能稳定,将电极换向,以银电极为阴极、铂电极为阳极,外加1.5V电压使银电极还原表面变白,然后再氯化。如此反复数次,制得 Ag|AgCl 电极。

实验结束后,将电极浸在 0.1mol/L KCl 溶液中待用。

2. Cd^{2+} 浓度与溶出峰电流关系

用移液管准确移取 0mL、0.40mL、0.80mL、1.20mL、2.00mL 1.000×10^{-5}mol/L Cd^{2+} 标准溶液于 5 个 50mL 容量瓶中,再分别加入 10mL 0.25mol/L KCl 溶液,5 滴饱和 Na_2SO_3 溶液,用蒸馏水稀释至刻度,摇匀,待用。

以银基汞膜电极为工作电极,Ag|AgCl 电极为参比电极,在 -1.0V 电压下预电解 2min,静止 30s 后向正方向扫描溶出,记录阳极波,并分别测量峰高。

3. 废水中 Cd^{2+} 的测定

准确移取 10mL 试液于 50mL 容量瓶中,加入 10mL 0.25mol/L KCl 溶液,5 滴饱和 Na_2SO_3 溶液,用蒸馏水稀释至刻度,摇匀。用上述同样条件进行溶出测定,记录阳极波,并测量峰高。

五、数据处理

(1)绘制峰高与 Cd^{2+} 浓度曲线。

(2)根据标准曲线,计算试液中 Cd^{2+} 浓度(mol/L)。

六、问题讨论

(1)为什么阳极溶出伏安法的灵敏度高?

(2)为了获得再现性的溶出峰,实验时应注意什么?

实验六十一 阴极溶出伏安法测定水果中抗坏血酸(设计性实验)

一、实验目的

(1)了解阴极溶出伏安法的原理。

(2)学习溶出伏安法中工作电极处理技术。

(3)掌握测定抗坏血酸的实验技术。

二、原理提示

在 NaAc-HAc 介质中,抗坏血酸可被 Fe^{3+} 定量氧化为去氢抗坏血酸,Fe^{2+} 再与邻二氮菲(phen)生成红色络合物(Fe^{2+}-phen),该络合物在较正的电位下吸附在玻碳电极表面,然后电位向负方向扫描,进行阴极溶出。溶出电流(或峰高)与被测物浓度成正比,这是阴极溶出法的定量依据。

三、实验要求

(1)查阅相关文献,拟订方案。

(2) 列出所需仪器设备及试剂。
(3) 写出简明实验步骤。
(4) 处理实验数据，完成实验报告。

四、问题讨论

(1) 阴极溶出法和阳极溶出法有什么区别？
(2) 玻碳电极实验前为什么要进行表面处理？

第十章 气相色谱(-质谱)法

实验六十二 气相色谱法定性分析风油精中的主要成分

一、实验目的

(1)了解气相色谱仪的主要结构及各部分的工作原理。
(2)熟悉气相色谱仪的基本操作步骤。
(3)掌握保留时间、峰宽、理论塔板数、分离度等基本概念。

二、方法原理

色谱法是分离有机混合物的一种有效方法,它是基于有机混合物中各组分在相对运动的两相中保留行为存在差异的原理来进行物质的分离和测定的。其中,固定不动的一相被称为固定相,另一相是推动混合物流过固定相的气体或液体被称为流动相。当流动相携带有机混合物经过固定相时,混合物组分与固定相发生相互作用。由于各组分的物理性质和化学性质(如溶解度、极性、蒸气压、吸附能力等)不同,这种相互作用便有强弱差异。因此,在同一推动力作用下,不同组分在固定相中的滞留时间有长有短,从而使混合物中各组分彼此分离,并按先后顺序依次从色谱柱中流出而被检测。

根据流动相不同,色谱法分为气相色谱法和液相色谱法,气相色谱法的流动相为气体,液相色谱的流动相为液体。在色谱条件一定时,任何一种物质都有确定的保留参数,如保留时间、保留体积及相对保留值等。因此,在相同的色谱操作条件下,通过比较已知标准物质和未知物的保留参数,即可确定未知物为何种物质。

气相色谱柱一般有填充柱和毛细管柱,毛细管柱的分离效率更高,效果更好。毛细管柱的柱效可用理论塔板数来表示,如下式所示:

$$n = 16(t_R/W)^2 \qquad W = 1.7 W_{h/2} \tag{10-1}$$

式中:n 为理论塔板数;t_R 为保留时间;W 为峰宽;$W_{h/2}$ 为半峰高宽。

分离度又叫分辨率,表示相邻两峰的分离程度。R 越大,表明相邻两组分分离越好。一般说当 $R<1$ 时,两峰有部分重叠;当 $R=1.0$ 时,两峰基本分离;当 $R=1.5$ 时,相邻两组分已完全分离。分离度的计算公式为:

$$R = 2(t_{R2} - t_{R1})/(W_1 + W_2) \tag{10-2}$$

式中:t_{R1} 和 t_{R2} 分别代表两峰的保留时间;W_1 和 W_2 分别代表两峰的峰宽。

本实验采用气相色谱法分离风油精组分,用氢火焰离子化检测器(FID)检测各组分,通过比较保留时间来定性。

三、仪器设备与试剂材料

1. 仪器

仪器：普析 GC1120 气相色谱仪（配 FID 检测器）、色谱柱（SE-54 毛细管柱，尺寸为 15m×0.32mm×0.5μm)、10uL 微量进样器、10mL 比色管和高纯氮气（99.999%）。

2. 试剂

试剂：乙酸乙酯、樟脑、薄荷脑、水杨酸甲酯（均为分析纯）和风油精。

3. 标准储备液的制备

分别称取 20mg 樟脑、150mg 薄荷脑和 150mg 水杨酸甲酯至 10mL 比色管中，用乙酸乙酯稀释至 10mL，得到以上 3 种物质的标准储备液。

四、实验步骤

1. 标准储备液

分别配制 10mL 2mg/mL 的樟脑、15mg/mL 的薄荷脑和 15mg/mL 的水杨酸甲酯标准储备液，以乙酸乙酯为溶剂。

2. 标准溶液

分别以樟脑、薄荷脑和水杨酸甲酯标准储备液配制浓度为 250μg/mL 的标准溶液，以乙酸乙酯为溶剂。

3. 样品溶液

取 20μL 市售风油精于 10mL 刻度管中，加乙酸乙酯稀释至 10mL，备用。

4. 色谱上机测试

(1) 开机：打开氮气（0.4MPa），待压力稳定以后打开气相色谱仪电源开关。待色谱仪启动成功，打开电脑中色谱工作站。

(2) 在 GC 面板上依次输入以下内容：①进样口温度为 200℃；载气为氮气；②程序升温条件中，起始温度为 75℃，以 5℃/min 升温到 100℃，保持 1min；③检测器温度为 200℃。

(3) 待检测器温度升至 120℃ 以上，打开氢气发生器和空气源，当两者压力均升至 0.4MPa 后再给 FID 点火。

(4) 待仪器稳定、基线平稳以后，分别吸取标准溶液、样品溶液进行测定，进样量为 1μL。

(5) 观察樟脑、薄荷脑、水杨酸甲酯和风油精样品的色谱峰，记录各物质的出峰时间和峰宽，对照已知标准物质和未知物的保留时间，对风油精各组分进行定性分析，给出实验结果。

(6) 关机。

五、数据处理

(1) 判断风油精的基本组成，并分别指出其保留时间和峰宽。

(2)计算樟脑色谱峰的理论塔板数 n。
(3)分别计算薄荷脑和水杨酸甲酯的分离度,判断两峰的分离程度。

六、问题与讨论

(1)色谱定性分析方法的原理是什么?
(2)色谱定性分析方法有哪几种?本实验中使用的是什么定性方法?
(3)色谱分析中分离度与哪些因素有关?

实验六十三　气相色谱法定量分析风油精中各组分含量

一、实验目的

(1)掌握气相色谱分析的基本原理。
(2)熟悉气相色谱仪的基本操作。
(3)掌握气相色谱定量分析方法。

二、方法原理

色谱分析中最常用的定量分析方法是外标法(又称标准曲线法)。基本原理为:配制一系列不同浓度的标准溶液,在相同的色谱条件下,以相同体积进样,分别得到不同浓度标准溶液和待测样品的色谱图;以色谱峰面积对标准溶液浓度作图,得到标准曲线和方程,把待测样品的峰面积代入方程中,计算得到待测物浓度。

实验采用外标法测定风油精中主要成分樟脑、薄荷脑和水杨酸甲酯的含量。

三、仪器设备与试剂材料

仪器:气相色谱仪[普析 GC1120、氢火焰离子化检测器(FID)],色谱柱(SE-54 毛细管柱,30m 柱),10μL、100μL 微量进样器。

试剂:乙酸乙酯、樟脑、薄荷脑、水杨酸甲酯、市售风油精、高纯氮气(99.999%)。

四、实验步骤

1. 溶液配制

(1)标准储备液:分别配制 10mL 10mg/mL 的樟脑、10mg/mL 的薄荷脑和 10mg/mL 的水杨酸甲酯标准储备液,以乙酸乙酯为溶剂。

(2)标准溶液:以樟脑、薄荷脑和水杨酸甲酯标准储备液分别配制 10mL 50μg/mL、100μg/mL、250μg/mL、500μg/mL 包含樟脑、薄荷脑和水杨酸甲酯 3 种物质的混合标准溶液,以乙酸乙酯为溶剂。

(3)样品溶液:称取 20μL 风油精样品于 10mL 刻度管中,加乙酸乙酯稀释至 10mL,备用。

2. 色谱仪开机及操作条件设置

(1) 开氮气，压力至 0.4MPa。
(2) 开色谱仪及软件。
(3) 操作条件设置：进样器温度为 200℃，检测器温度为 220℃，程序升温起始温度为 90℃，以 5℃/min 升温到 120℃，在 120℃ 保持 2min。
(4) 开启温控开关：在操作键盘按"F1"。
(5) 检测器点火：待检测器温度升至 120℃ 以上，打开氢气发生器和空气源开关，当两者压力均升至 0.4MPa 后再给检测器点火。

3. 色谱测定

用微量进样器分别移取 1μL 不同浓度的标准溶液及风油精试样注入色谱柱，获得色谱图，以峰面积进行定量分析。

4. 关机

(1) 关闭所有控温开关，在操作键盘按"F2"。
(2) 关闭氢气发生器和空气源。
(3) 关闭软件和电脑。
(4) 待仪器进样口、柱箱、检测器温度下降到 50℃ 以下后，关闭主机电源。
(5) 关闭载气钢瓶总阀和分压阀。

五、数据处理

计算风油精中樟脑、薄荷脑和水杨酸甲酯 3 种成分的含量。

六、问题讨论

(1) 比较色谱分析中的外标法与归一化法特性。
(2) 为什么内标法可以克服一定程度进样误差？

实验六十四　气相色谱中最佳载气流速的选择
（设计性实验）

一、实验目的

(1) 学习理解气相色谱中流速与柱效的关系。
(2) 掌握计算板高方程中 A、B、C 三常数值的方法。

二、原理提示

1. 柱子的性能对柱效的影响

可以用板高方程表示：

$$H = A + \frac{B}{\bar{u}} + C\bar{u} \tag{10-3}$$

式中:$\bar{u}$ 为流动相的平均线速度;A、B、C 为常数,分别代表涡流扩散项系数、分子扩散项系数、传质阻力项系数;H 为理论塔板高度,它与柱长、理论塔板数的关系为:

$$H = L/n \tag{10-4}$$

式中:L 为柱长,n 为理论塔板数。

2. 柱子的理论塔板数

理论塔板数 $n_{(理)}$ 可通过实验而求得:

$$n_{(理)} = 5.54 \times \left(\frac{t_R}{Y_{1/2}}\right)^2 \tag{10-5}$$

式中:t_R 为样品的保留时间;$Y_{1/2}$ 为色谱峰的半高宽度。

3. 流动相的平均线速度

可通过实验求得:

$$\bar{u} = L/t_M \tag{10-6}$$

式中:t_M 为死时间。

4. 板高方程常数 A、B、C 计算

利用 $H-\bar{u}$ 的数据,可求解板高方程中 3 个常数。

令:

$$dH/du = \frac{-B}{u^2} + C = 0 \tag{10-7}$$

则:

$$\bar{u}(最佳) = \sqrt{B/C} \tag{10-8}$$

$$H(最小) = A + 2\sqrt{BC} \tag{10-9}$$

5. 载气的体积流速 F_0 的测定

挤压皂膜流速计的橡皮泡,使形成的皂膜被入口的气流携带而沿管移动。用秒表记下皂膜从刻度 0 到 10 时所花时间,按下式计算 F_0:

$$F_0(\text{mL/min}) = \frac{10\text{mL}}{t(\text{min})} \times \frac{60\text{s}}{1\text{min}} \tag{10-10}$$

6. 制作色谱柱

可用 6201 载体上涂渍邻苯二甲酸二壬酯[固定液的体积比为 100∶(10～15)]制作色谱柱。

三、实验要求

(1) 查阅相关文献拟订方案。
(2) 列出所需仪器设备及试剂。
(3) 写出简明实验的步骤。

(4) 处理实验数据，完成实验报告。

四、问题讨论

(1) 过高或过低流动相速度为什么使柱效下降？
(2) 如果增加柱温，$\bar{u}$(最佳)将增加还是降低？试解释。

实验六十五　气-固色谱法测定空气中 O_2、N_2 组分的含量

一、实验目的

(1) 学会正确使用气相色谱仪。
(2) 学习气体分析的方法。
(3) 巩固归一化法定量的基本原理及测定方法。

二、方法原理

混合气体的分离是利用每种组分气体在固定相上的吸附系数不同。在一定条件下，它们有各自不同的吸附平衡常数，这些平衡常数的微小差异在色谱柱中经固定相和流动相多次分配平衡而被扩大，直至混合气体完全分离，被分离的组分随载气流经检测器-热导池，对于载气中某组分浓度的变化而产生的相应电流（或电压）随时间变化的信号，在记录仪中可得到信号的图形-色谱图。

在试样中各个组分都能完全分离，并且均能出峰的情况下，通常使用归一化法进行定量，其计算式为：

$$w_i = \frac{m_i}{\sum_{i=1}^{n} m_i} \times 100 \qquad (10-11)$$

$$m_i = f_i A_i \qquad (10-12)$$

$$A_i = h_i Y_{i,1/2} \qquad (10-13)$$

式中：w_i 为 i 物质的质量分数(%)；m_i 为 i 物质的质量；A_i 为 i 物质的峰面积；f_i 为 i 物质的质量校正因子；h_i 为 i 物质色谱图的峰高；$Y_{i,1/2}$ 为 i 物质色谱的半高宽。

归一化法是一种计算简便、定量结果与进样量无关、操作条件不需严格控制的常用的色谱定量方法。

本实验通过测量空气中 O_2、N_2 两组分的 h_i 和 t_R，计算各组分的百分含量。

三、仪器设备

仪器与材料：气相色谱仪、不锈钢色谱柱（长 2m，内径 3mm，内填 80～100 目 5A 型分子筛）、氢气高压钢瓶、100μL 微量进样器、皂膜流量计、空气气袋（用分子筛除去其中水分）、纯氧气袋和纯氮气袋。

四、实验步骤

1. 色谱条件

固定相:80~100目5A分子筛。
柱温:30℃。
载气:H_2,流量15mL/min。
检测器:热导池,检测温度为100℃,桥温为110℃。
汽化室温度:30℃。
进样量:50μL。

2. 具体操作

(1)打开氢气钢瓶阀门和减压阀,调节载气流量为15mL/min。
(2)按仪器使用说明书的操作步骤,开启仪器及色谱工作站,按色谱条件设置仪器参数,检查仪器工作是否正常,基线平衡后开始进样分析。
(3)用微量进样器取空气样50μL进样分析,得到空气中O_2、N_2的分离谱图。
(4)用同样的方法分别取纯O_2和纯N_2进行分析,每样重复3次。
(5)实验结束,退出色谱工作站,关闭仪器电源,待仪器完全冷却,关闭氢气所有阀门。

五、数据处理

采用归一化法计算空气中O_2、N_2的百分含量。

六、问题讨论

(1)为什么可利用色谱峰的保留值进行色谱定性分析?
(2)色谱归一化法定量有何特点?使用该法应该具备什么条件?

实验六十六　气相色谱法测定白酒中甲醇含量

一、实验目的

(1)熟练气相色谱仪的使用方法。
(2)掌握外标法定量的原理。
(3)了解气相色谱法在产品质量控制中的应用。

二、方法原理

试样被汽化后随同载气进入色谱柱,由于不同组分在流动相(载气)和固定相间分配系数的差异,当两相做相对运动时,各组分在两相中经多次分配而被分离。

在酿造白酒的过程中,不可避免地有甲醇产生。根据《食用酒精》(GB 10343—2008),食用酒精中甲醇含量应低于 50mg/L(优级)或 150mg/L(普通级)。

利用气相色谱可检测白酒中的甲醇含量。在相同的操作条件下,分别将等量的试样和含甲醇的标准样进行色谱分析,由保留时间可确定试样中是否含有甲醇,比较试样和标准样中甲醇峰的峰高,可确定试样中甲醇的含量。

三、仪器设备与试剂材料

仪器:气相色谱仪、火焰离子化检测器、1μL 微量进样器。

试剂:甲醇(色谱纯)、无甲醇的乙醇(取 0.5μL 进样,无甲醇峰即可)。

四、实验步骤

1. 标准溶液的配制

以体积分数 60％乙醇水溶液为溶剂,分别配制浓度为 0.1g/L、0.6g/L 甲醇标准溶液。

2. 色谱条件

色谱柱:长 2m,内径 3mm 的不锈钢柱;型号 GDX-102,80～100 目。

载气(N_2)流量:37mL/min。

氢气(H_2)流量:37mL/min。

空气流量:450mL/min。

进样量:0.5μL。

柱温:150℃。

检测器温度:200℃。

汽化室温度:170℃。

3. 操作

通载气后,启动仪器,设定以上温度条件。待温度升至所需值时,打开氢气和空气,点燃 FID(点火时,H_2 的流量可大些),缓缓调节氮气、氢气及空气的流量,至信噪比较佳时为止。待基线平衡后即可进样分析。

在上述色谱条件下进 0.5μL 标准溶液,得到色谱图,记录甲醇的保留时间。在相同条件下进白酒样品 0.5μL,得到色谱图,根据保留时间确定甲醇峰。

五、数据处理

测量两个色谱图上甲醇峰的峰高。按下式计算白酒样品中甲醇的含量:

$$\rho = \rho_s \cdot h/h_s \tag{10-14}$$

式中:ρ 为白酒样品中甲醇的质量浓度(g/L);ρ_s 为标准溶液中甲醇的质量浓度(g/L);h 为白酒样品中甲醇的峰高(mm);h_s 为标准溶液中甲醇的峰高(mm)。

比较 h 和 h_s 的大小即可判断白酒中甲醇是否超标。

六、问题讨论

(1)为什么甲醇标准溶液要以体积分数 60％乙醇水溶液为溶剂配制?配制甲醇标准溶

液还需要注意些什么？

(2)外标法定量的特点是什么？外标法定量的主要误差来源有哪些？

(3)如何检查FID是否点燃？

实验六十七　混二甲苯分析(设计性实验)

一、实验目的

(1)巩固关于色谱分析方法的知识。

(2)通过实际样品分析，提高知识的应用能力和动手能力。

二、原理提示

混二甲苯是对二甲苯、间二甲苯、邻二甲苯的混合物。它们的性质极为相似，沸点甚为接近，用一般方法难以分离分析，但是用气相色谱法可实现分离分析。可以有机皂土、邻苯二甲酸二壬酯为混合固定液，用氢火焰离子化检测器检测。分析过程中影响柱效因素很多，如柱温、载气流量、固定液含量、载体性质、进样量等。只有在最佳操作条件下，才能达到高柱效。选择操作条件时，在分离良好基础上应考虑快速这一因素。

三、实验要求

(1)查阅色谱手册，拟订色谱柱的制备方案及步骤。

(2)拟订初步的分析条件，在分离后加以改进，建议条件如下。

柱温：60~95℃。

载气流量：20~90mL/min。

汽化温度：100~150℃。

其他参数：条件自定。

(3)完成分析工作，分析结果数据。

四、问题讨论

对所拟订的分析方法和结果进行讨论。

实验六十八　醇系物的分离(程序升温气相色谱法)

一、实验目的

(1)掌握程序升温气相色谱法的原理及基本特点。

(2)用程序升温方法分离检测性质极为相近的复杂混合物。

二、方法原理

气相色谱法分析样品时,各组分都有一个最佳柱温。对于沸程较宽、组分较多的复杂样品,柱温可选在各组分的平均沸点左右,但这是一种折中的办法,其结果是:低沸点组分因柱温太高很快流出,色谱峰尖而拥挤甚至重叠;而高沸点组分因柱温太低,滞留过长,色谱峰扩张严重,甚至在一次分析中不出峰。

程序升温气相色谱法(PTGC)是色谱柱按预定程序连续地或分阶段地进行升温的气相色谱法。采用程序升温技术,可使各组分在最佳的柱温流出色谱柱,从而改善复杂样品的分离、缩短分析时间。另外,在程序升温操作中,随着柱温的升高,各组分加速运动,当柱温接近各组分的保留温度时,各组分以大致相同的速度流出色谱柱,因此在 PTGC 中各组分的峰宽大致相同,该峰宽被称为等峰宽。

三、仪器设备与试剂材料

仪器:带有程序升温的气相色谱仪、色谱柱(PEG 20M,101 白色载体,80~100 目、长 2m、内径 2mm 的不锈钢柱 2 个)、1μL 微量进样器。

试剂:甲醇、乙醇、正丙醇、正丁醇、异丁醇、异戊醇、正己醇、环己醇、正辛醇、正十二烷醇,均为色谱纯,按大致体积比 1:1 混合制成样品。

四、实验步骤

1. 操作条件

柱温:初始温度 40℃,以 7℃/min 的速度升温至 160℃,保持 1min,然后以 15℃/min 的速率升至 260℃(终止温度),再保持 1min。

汽化室温度:190℃。

检测器温度:200℃。

进样量:0.5μL。

载气(高纯氮气)流量:25~35mL/min。

氢气(H_2)流量:40mL/min。

空气流量:400mL/min。

纸速:240mm/h。

2. 操作流程

通载气,启动仪器,设定以上温度参数,在初始温度下,参考火焰离子化检测器的操作方法,点燃 FID,调节气体流量。待基线走直后进样并启动升温程序,记录每一组分的保留温度。升温程序结束,待柱温降至初始温度方可进行下一轮操作。作为对照,在其他条件不变的情况下,恒定柱温到 175℃,得到醇系物在恒定柱温条件下的色谱图。

五、数据处理

数据统计及处理结果计入表 10-1。

表 10-1 醇系物分离实验数据统计表

组分	甲醇	乙醇	正丙醇	正丁醇	异丁醇	异戊醇	正己醇	环己醇	正辛醇	正十二烷醇
沸点 $T_b/℃$										
保留温度 $T_R/℃$										

六、问题讨论

(1) 与恒温色谱法比较,程序升温气相色谱法具有哪些优点?
(2) 何谓保留温度? 它在 PTGC 中有何意义?
(3) 在 PTGC 中可采用峰高(h)定量,为什么?

实验六十九　气相色谱-质谱法联用定性分析正构烷烃

一、实验目的

(1) 了解气相色谱-质谱法(GC-MS)的基本构造及操作。
(2) 掌握 GC-MS 的工作原理。
(3) 掌握保留时间、峰宽、理论塔板数等的基本概念和实际意义。
(4) 初步学会质谱图的解析。

二、方法原理

色谱法是分离复杂有机化合物的一种有效方法,但在缺乏标准物质时难以进行定性分析;质谱法可以进行有效的定性分析,但对混合物样品的定性分析却比较困难。气相色谱和质谱的有效结合既利用了气相色谱的分离能力,又充分发挥了质谱的定性功能,再结合谱库检索,就能对混合物进行有效的分析,得到满意的结果。

气相色谱柱一般有填充柱和毛细管柱,毛细管柱的分离效率更高、效果更好。毛细管柱的柱效可用理论塔板数来表示,公式见"实验六十二　气相色谱法定性分析风油精中的主要组分"中式(10-1)。

在进行定性分析时,质谱(MS)可以提供分子量信息及丰富的碎片离子信息,为分析鉴定有机化合物结构提供数据,为离子结构对应的分子组成、质量的精确测定提供充分的实验依据。

正构烷烃是广泛存在于土壤、沉积物、石油和煤等地质体中的一类有机物,化学稳定性高,有较好地指示气候和环境的作用,是重要的生物标志化合物之一。

正构烷烃显示弱的分子离子峰,但具有典型的 C_nH_{2n+1} 系列和 C_nH_{2n-1} 系列离子峰,其中含 3 个或 4 个 C 的离子峰最大。

本实验对正构烷烃混合物中各成分进行定性分析。

三、仪器设备与试剂材料

仪器:岛津 GC-MS-QP2010 Plus 气相色谱质谱联用仪,配有 Rxi-1MS(30m×0.25mm×0.25μm)石英毛细管柱和 10μL 微量进样器。

试剂:高纯氦气(99.999%)、正构烷烃标准物质等。

四、实验步骤

(1)打开 GC-MS Analysis Editor 软件,创建本次实验方法,具体方法内容如下。

①GC 条件:进样口温度为 250℃,进样方式为不分流,高压进样(250 kPa)。

②升温程序:初始温度为 90℃,保持 3min,再以 20℃/min 升温到 105℃,然后再以 11℃/min 升温至 240℃,最后以 5℃/min 升至 310℃,保持 2min。流量控制方式为线速度,流量为 42.3mL/min。

③MS 条件:离子源温度为 250℃;接口温度为 250℃;溶剂延迟时间为 2.5min;采集方式为全扫描(Scan),开始时间为 3.0min,结束时间为 32min,扫描 m/z 范围 29~500。

(2)打开"GC-MS Real Time Analysis"软件,调入所建方法文件,点击"样品登录"设定数据保存目录,然后点击"待机"按钮。

(3)当 GC 与 MS 均显示"准备就绪"时,使用微量进样器吸取 1μL 样品溶液进样,并点击"开始"按钮。

(4)待 GC-MS 运行完毕后,打开"GC-MS Postrun Analysis"软件,观察实验所得的色谱峰与质谱图,进行相似度检索,与标准谱库对照,定性分析样品中的组分。

五、数据处理

依据软件数据输出处理数据,并提交实验报告。

六、问题与讨论

(1)分流进样和不分流进样的区别在哪里?分别适用于哪种情况?

(2)根据报告指出正十五烷、二十二烷、二十八烷、三十三烷分别是哪个峰,并指出其保留时间和峰宽。

(3)计算二十六烷的理论塔板数。

实验七十　气相色谱-质谱法测定苯、甲苯、二甲苯含量

一、实验目的

(1)掌握 GC-MS 方法的基本原理。

(2)了解 GC-MS 联用仪的基本操作。

(3)掌握气相色谱质谱法中最常用的定量分析方法用外标法(标准曲线法)测定样品中苯、甲苯、二甲苯的含量。

二、方法原理

室内空气中的苯系物,尤其是苯、甲苯、二甲苯(3 种同分异构体),主要来源于室内装潢所用的各种油漆、涂料、黏合剂、稀释剂,是主要的室内空气污染物之一。它会腐蚀皮肤、刺激呼吸道黏膜、损伤中枢神经系统。因此,长期生活在苯系物含量很高的环境当中,人类的身体健康会遭受很大的伤害。

GC-MS 定量分析的方法之一是标准曲线法,即配制一系列不同浓度的标准溶液,在相同的色谱条件下,以相同进样量测得色谱峰面积与相应的浓度,作图得到标准曲线。在相同的条件下,准确注入与标准相同体积的样品溶液,可以依据检测出的峰面积在标准曲线上求出其浓度。

MS 有两种扫描方式:Scan(全扫描)和 SIM(选择离子扫描)。Scan 即让一定质荷比范围内的离子全部相继通过,到达检测器,因此能提供完整的质谱表,可以解析分子的结构,可用于定性分析和定量分析。SIM 只有预先设定的特定几个质荷比的离子才能通过,选择离子模式要灵敏度高,背景干扰少,适合进行定量分析,尤其适合痕量分析。本实验采用 SIM 法对苯系物进行定量分析。

三、仪器设备与试剂材料

仪器:GC-MS-QP2010 Plus 气相色谱质谱联用仪,配有 Rxi-1MS (30m×0.25mm×0.25μm)石英毛细管柱和 10μL 微量进样器。

试剂:苯、甲苯、二甲苯(均为分析纯)、甲醇(色谱纯)。

四、实验步骤

(1)标准溶液的制备:分别准确移取一定量的苯、甲苯、二甲苯混合标准溶液于样品瓶中,加甲醇定容,配制成 5.0μg/mL、10.0μg/mL、20.0μg/mL 的系列标准溶液。

(2)打开"GC-MS Analysis Editor"软件,创建本次实验方法。分析条件为:①在 GC 条件中,进样口温度为250℃,柱箱温度为60℃;②进样方式为不分流进样;③流量控制方式为线速度,柱流量为 0.50mL/min;④在升温程序中,初始温度为60℃,保持 2min,再以 20℃/min 升温到100℃,然后以 2℃/min 升温至103℃;⑤MS 条件中,离子源温度为230℃;⑥接口温度为250℃;⑦溶剂延迟时间为2min;⑧开始时间为 2.5min;⑨结束时间为 5.5min;⑩扫描方式为 SIM(苯:78、77、52、51、26;甲苯:39、65、91、92;二甲苯:65、77、91、106)。

(3)先对苯系物进行定性分析,然后按上述条件上机检测标准溶液,对所得的色谱峰与质谱图进行处理,绘出色谱峰面积-标样浓度标准曲线。

(4)然后测定未知样品中苯、甲苯、二甲苯含量,处理数据并提交实验报告。

五、数据处理

(1)以各组标准系列峰面积对浓度作图。

(2)计算未知物浓度。
(3)完成实验报告。

六、问题与讨论

(1)GC-MS 的溶剂延迟时间的作用是什么?
(2)MS 有几种扫描方式?分别适用什么情况?
(3)为什么 GC-MS 样品中不能含水?

第十一章 高效液相色谱法

实验七十一 高效液相色谱法定性分析苯、甲苯和萘

一、实验目的

(1) 了解液相色谱法的基本原理。
(2) 了解高效液相色谱仪的基本构造,并掌握其基本操作。
(3) 掌握用反相液相色谱法分离芳香烃类化合物。

二、方法原理

在液相色谱中,采用非极性固定相、极性流动相的色谱法被称为反相色谱。苯、甲苯、萘在反相色谱柱上的作用力大小不同,各组分的分配比就不同,在柱内的移动速率有差异,因而先后流出色谱柱,得到分离。通过比较标准物质与待测物质保留值(通常是保留时间)的方法,确定各色谱峰所对应的组分,达到对待测物定性的目的。

色谱柱的柱效可用理论塔板数来表示,见式(10-1)。

为了判断分离物质在色谱柱中的分离情况,常用分离度作为柱的总分离效能指标。用分离度 R 表示,R 等于相邻色谱峰保留时间之差与两色谱峰峰宽均值之比,计算公式见式(10-2)。

R 越大,表明相邻两组分分离越好。一般当 $R<1$ 时,两峰有部分重叠;当 $R=1.0$ 时,两色谱峰交叠约 4%,可称为基本分离;当 $R=1.5$ 时,两色谱峰交叠约 0.3%,通常视为完全分离。

三、仪器设备与试剂材料

仪器:L600-DP6 型高效液相色谱仪、L600-UV6 型检测器、C18($5\mu m$,$4.6mm \times 150mm$)型色谱柱、紫外检测器(吸收波长 254nm)。

试剂:为流动相,由甲醇与水按体积比 9∶1 配制,经超声备用,流量为 1mL/min,进样体积为 $20\mu L$。

四、实验步骤

(1) 标准溶液的配制:苯、甲苯分别用甲醇稀释,萘用甲醇溶解,标准溶液为体积分数 0.1% 苯、体积分数 0.1% 甲苯、体积分数 0.1% 萘。

(2)样品溶液的制备:取含苯、甲苯、萘的混合溶液经混合配成 10mL 一定浓度的溶液,制成样品溶液备用。

(3)打开仪器电源,按要求设置好流动相的组成、流量,设定好检测波长。

(4)运行电脑中的工作站,建立一种方法,通入流动相,使色谱柱充分平衡,直到压力变化幅度很小。

(5)等待基线稳定,把装有 20μL 苯标准溶液的进样器放入六通阀中,对检测器调零,待仪器稳定后,把六通阀转到"INJECT"(注入)位置,同时注入进样器中的溶液。

(6)重复步骤(5),分别注入 20μL 甲苯、萘标准溶液。

(7)重复步骤(5),注入 20μL 样品溶液。

(8)打印出实验数据,比较标准溶液和样品中各组分的色谱峰,记录相关结果。

(9)关机。

五、数据处理

(1)根据保留时间定性,确定样品中各个峰所代表的物质。

(2)试计算样品中两相邻峰间的分离度 R 和萘的理论塔板数 n。

(3)处理数据,完成实验报告。

六、问题讨论

(1)解释试样中各组分的洗脱顺序。

(2)高相液相色谱的适用范围是什么?

(3)高相液相色谱法与气相色谱法的异同点是什么?

(4)实验用的甲醇和水要先经过什么处理?目的是什么?

实验七十二　高效液相色谱法定量分析苯、甲苯、萘的混合物

一、实验目的

(1)了解液相色谱法的基本原理和仪器使用方法。

(2)掌握液相色谱法中最常用的定量分析方法,用外标法测定样品中苯、甲苯、萘的含量。

二、方法原理

在液相色谱中,采用非极性固定相、极性流动相的色谱法称为反相色谱法。苯、甲苯、萘在色谱柱上的作用力大小不等,不同组分的分配比不同,在柱内的移动速率不同,因而先后流出柱子,得到分离。

液相色谱法最直接的定量方法是配制一系列组成与试样相近的标准溶液,按标准溶液色谱图,可求出每个组分浓度与相应峰面积的校准曲线,在相同的色谱条件下得到试样色谱

图和相应组分峰面积,根据校准曲线可求出试样中相应组分的浓度。

三、仪器设备与试剂材料

1. 仪器

L600-DP6 型高效液相色谱仪、L600-UV6 型检测器、C18（5μm,4.6mm×150mm）型色谱柱、紫外检测器（吸收波长 254nm）。

2. 试剂

（1）流动相：为甲醇和水以体积比 9∶1 配制,经超声备用,流量为 1mL/min,进样体积为 20μL。

（2）标准储备液：苯、甲苯分别用甲醇稀释,萘用甲醇溶解,最终标准溶液为 1000mg/L 苯、1000mg/L 甲苯、1000mg/L 萘。

四、实验步骤

1. 标准系列溶液的配制

分别准确移取一定量苯、甲苯、萘储备液于样品瓶中,加甲醇定容,配制成标准系列溶液。苯和甲苯的浓度分别为 20mg/L、40mg/L、80mg/L、160mg/L,萘的浓度为 2mg/L、4mg/L、8mg/L、16mg/L。

2. 样品溶液的制备

取含苯、甲苯、萘的混合样品稀释 10 倍后备用。

3. 上机测定

（1）打开仪器电源,按要求设置好流动相的组成、流量,设定好检测波长。

（2）运行电脑中的工作站软件,建立方法,通入流动相,使色谱柱充分平衡,直到压力变化幅度很小。

（3）等待基线稳定,把 20μL 空白溶液装入六通阀中,对检测器调零,待仪器稳定后,把六通阀转到"INJECT"（注入）位置,此时注入进样器中的溶液进入流路和色谱柱,进行分离和检测。

（4）重复步骤（3）,从低浓度到高浓度分别注入 20μL 标准系列溶液。

（5）重复步骤（3）,注入 20μL 样品溶液。

（6）打印出实验数据,比较标准溶液和样品中各组分的色谱峰,记录相关结果。

（7）关机。

五、数据处理

（1）绘制标准曲线,求出混合物样品中苯、甲苯、萘的含量（mg/L）。

（2）依据所获得的数据,完成实验报告。

六、问题讨论

(1)色谱定量的方法有哪几种？本实验中使用的是什么定量方法？

(2)色谱进样量一般很小，为微升级，因此进样时容易造成较大相对误差，可采用什么方法减小由于进样带来的测量误差？

实验七十三　高效液相色谱法测定饮料中的咖啡因

一、实验目的

(1)掌握采用高效液相色谱法进行定性及定量分析的基本方法。

(2)学习用高效液相色谱法测定实际样品中的咖啡因。

二、方法原理

定量测定咖啡因的传统分析方法是萃取分光光度法。反相高效液相色谱法是分析复杂生物、食品等有机混合物样品的有力方法。通过色谱分离过程，可先将饮料样品中的咖啡因与其他组分（如单宁酸、咖啡酸、蔗糖等）分离，并将已配制的不同浓度咖啡因标准溶液分别注入色谱仪进样系统，在整个实验过程中维持流量和泵压恒定不变的情况下，测定它们在色谱图上的保留时间 t_R（或保留距离）和峰面积 A 后，可直接用 t_R 定性，用峰面积作为定量测定的参数，采用工作曲线法（即外标法）测定饮料中的咖啡因含量。

三、仪器设备与试剂材料

仪器：高效液相色谱仪[附 UV(254nm)检测器]、色谱柱[ODS(n-C_{18})柱]、超声波发生器或水泵、50μL 微量进样器。

试剂：咖啡因标准试剂、待测饮料试液、流动相（甲醇和水按照体积比 1∶4 配制 1L 溶液，且制备前先调节水的 pH 约 3.5，进入色谱系统前用超声波发生器或水泵脱气 5min）。

四、实验步骤

(1)标准储备液的配制：准确称取 25.0mg 咖啡因标准试剂，用配制的流动相溶解，转入 100mL 容量瓶中，稀释至刻度。

(2)用标准储备液配制浓度为 25μg/mL、50μg/mL、75μg/mL、100μg/mL、125μg/mL 的标准系列溶液。

(3)启动泵，打开检测器，设置泵的流量为 2.3mL/min，检测器的灵敏度设在 0.08AUFS，打开记录仪，将纸速设在 1cm/min。当流动相通过色谱柱 5~10min，记录仪上基线稳定后，开始进样。

(4)将进样阀放在装载(LOAD)位时，用进样器取 25μL 浓度最低的标准样（比进样阀上定量管多 5μL 以上），注入进样阀中。

(5)将进样阀从装载(LOAD)位转向进样(INJECT)位,同时按标记钮(MARKER),使在记录纸上打上进样信号。

(6)当咖啡因的色谱峰出完后,按照步骤(4)~(5)连续操作两次,使最低浓度的标准试液获得3张色谱图。

(7)按标准溶液浓度增加的顺序,按步骤(4)~(6)操作,使每一种标准样获得3个数据。

(8)取2mL待测饮料(咖啡)试液放入25mL容量瓶中(或取5mL茶液放入50mL容量瓶中),分别用流动相稀释至刻度。

(9)按步骤(4)~(6)操作,分析饮料试液(咖啡或茶)。

五、数据处理

(1)用长度表示保留时间(保留距离),测定标样色谱,得出图上进样信号与色谱峰极大值之间的距离。

(2)根据标准试样色谱图中的保留数据,找到并标出咖啡或茶样色谱图中相应咖啡因色谱峰。

(3)用公式 $A=hY_{1/2}$ 计算每一张色谱图上的峰面积,并对每一个样品求出平均值。

(4)用系列标准溶液的数据作面积 A 对浓度(mg/mL)的工作曲线。

(5)从工作曲线上求得咖啡或茶中咖啡因的浓度(mg/mL),注意步骤(8)的稀释。

六、问题讨论

(1)解释用反相柱 n-C_{18} 测定咖啡的理论基础。

(2)在本实验中,用峰高 h 为定量基础的校正曲线能否得到咖啡因的精确结果?

(3)能否用离子交换柱测定咖啡因?为什么?

实验七十四 反相液相色谱法分离芳香烃(设计性实验)

一、实验目的

(1)学习高效液相色谱仪的操作。

(2)了解反相液相色谱法分离非极性化合物的基本原理。

(3)掌握用反相液相色谱法分离芳香烃类化合物。

二、原理提示

高效液相色谱法选用颗粒很细的高效固定相,采用高压泵输送流动相,分离分析、定性分析及定量分析全部分析过程都通过仪器来完成。除了有快速、高效的特点外,它还能分离沸点高、分子量大、热稳定性差的试样。

根据使用的固定相及分离机理不同,一般将高效液相色谱法分为分配色谱、吸附色谱、离子交换色谱和空间排斥色谱等。

在分配色谱中,组分在色谱柱上的保留程度取决于它们在固定相和流动相之间的分配系数 K:

$$K = \frac{\text{组分在固定相中的浓度}}{\text{组分在流动相中的浓度}} \tag{11-1}$$

显然,K 越大,组分在固定相上的停留时间越长,固定相与流动相间的极性差值也越大。因此,相应出现了流动相为非极性而固定相为极性物质的正相液相色谱法和以流动相为极性而固定相为非极性物质的反相液相色谱法。目前,应用最广泛的固定相是通过化学反应的方法将固定液键合到硅胶表面上,即键合固定相。若将正构烷烃等非极性物质(如 $n\text{-}C_{18}$)键合到硅胶基质上,以极性溶剂(如甲醇和水)为流动相,则可分离非极性或弱极性的化合物。据此,采用反相液相色谱法可分离烷基苯类化合物。

三、实验要求

(1)拟订实验方案。
(2)列出所需仪器、器皿、试剂等。
(3)写出详细的实验步骤。
(4)按拟订的实验方案、步骤完成实验测定工作。

四、问题讨论

(1)解释未知试样中各组分的洗脱顺序。
(2)苯甲酸在本实验的色谱柱上是强保留还是弱保留?为什么?

实验七十五 对羟基苯甲酸酯类混合物的反相高效液相色谱分析(设计性实验)

一、实验目的

(1)进一步熟悉高效液相色谱分析操作。
(2)学习高效液相色谱保留值定性方法。
(3)巩固归一化法定量方法。

二、原理提示

对羟基苯甲酸酯类混合物中含有对羟基苯甲酸甲酯、对羟基苯甲酸乙酯、对羟基苯甲酸丙酯和对羟基苯甲酸丁酯,它们都是强极性化合物。可采用反相液相色谱进行分析,以非极性的 C_{18} 烷基键合相作为固定相,以甲醇水溶液为流动相。

由于在一定实验条件下,酯类各组分的保留值保持恒定。因此,在同样条件下,将测得的未知物各组分的保留时间与已知纯酯类各组分的保留时间进行对照,即可确定未知物中各组分存在与否。这种利用纯物质对照进行定性的方法,适用于来源已知且组分简单的混合物。

三、实验要求

(1)拟订实验方案。
(2)列出所需仪器、器皿、试剂等。
(3)写出详细的实验步骤。
(4)按拟订的实验方案、步骤完成实验测定工作。

四、问题讨论

(1)本实验为什么采用反相液相色谱?试说明理由。
(2)在高效液相色谱中为什么可利用保留值定性?这种定性方法可靠吗?

主要参考文献

[1] 武汉大学. 分析化学(下册)[M]6 版. 北京:高等教育出版社,2018.

[2] 李文友,丁飞. 仪器分析实验[M]2 版. 北京:科学出版社,2021.

[3] 卢士香,齐美玲,张慧敏,等. 仪器分析实验[M]. 北京:北京理工大学出版社,2017.

[4] 吴性良,朱万森. 仪器分析实验[M]2 版. 上海:复旦大学出版社,2008.

[5] 《岩石矿物分析》编委会. 岩石矿物分析(第一分册)[M]4 版. 北京:地质出版社,2011.

[6] 黄慧萍,帅琴. 仪器分析实验[R]. 武汉:中国地质大学(武汉),1996.

[7] 《岩石矿物分析》编委会. 岩石矿物分析(第二分册)[M]4 版. 北京:地质出版社,2011.

[8] 刘淑萍,吕朝霞,周玉珍,等. 冶金分析与实验方法[M]. 北京:冶金工业出版社,2009.

[9] 邓珍灵. 现代分析化学实验[M]. 长沙:中南大学出版社,2002.

[10] 四川大学化工学院. 分析化学实验[M]3 版. 北京:高等教育出版社,2003.

[11] 《岩石矿物分析》编委会. 岩石矿物分析(第三分册)[M]4 版. 北京:地质出版社,2011.

[12] 张剑荣,戚苓,方惠群. 仪器分析实验[M]. 北京:科学出版社,1999.

[13] 华中师范大学. 分析化学实验[M]3 版. 北京:高等教育出版社,2001.

[14] 齐齐哈尔轻工学院,杭州大学,浙江工学院,等. 实验与习题光谱分析法[M]. 重庆:重庆大学出版社,1993.

[15] 赵文宽,张悟铭,王长发,等. 仪器分析实验[M]. 北京:高等教育出版社,1997.

[16] LIU J H,ZHENG L N,SHI J W,et al. Quantitative analysis of gold nanoparticles in single cells with timeresolved ICPMS[J]. Atomic Spectroscopy,2021,42(3):114-119.

[17] SHAW P,DONARD A. Nanoparticle analysis using dwell times between $10\mu s$ and $70\mu s$ with an upper counting limit of greater than 3×10^7 CPS and a gold nanoparticle detection limit of less than 10nm diameter[J]. Journal of Analytical Atomic Spectrometry,2016,31:1234-1242.

[18] DENISE M M,EMILY K L,ANTHONY B,et al. Detecting nanoparticulate silver using singleparticle inductively coupled plasmamass spectrometry[J]. Nanomaterials in the Environment,2012,31(1):115-121.

[19] 齐齐哈尔轻工学院,杭州大学,浙江工学院,等. 实验与习题电化学分析法[M]. 重

庆:重庆大学出版社,1993.

[20]陆光汉.电分析化学实验[M].武汉:华中师范大学出版社,2000.

[21]刘雪静,吴鸿伟,闫春燕,等.仪器分析实验[M].北京:化学工业出版社,2019.

[22]齐齐哈尔轻工学院,杭州大学,浙江工学院,等.实验与习题色谱分析法[M].重庆:重庆大学出版社,1993.

参考文献引用简表

章	节		文献编号
第一章 仪器分析实验预备知识	第一节 仪器分析实验的基本要求		[1-5]
	第二节 仪器分析实验的一般知识		
	第三节 仪器分析实验室安全知识		
	第四节 实验数据记录和处理		
第二章 原子发射光谱法	实验一	乳剂特性曲线制作	[5-6]
	实验二	多种元素蒸发曲线的制作	
	实验三	岩石矿物的光谱半定量分析(垂直电极法)	[6-7]
	实验四	锡的光谱定量分析(三标准试样法)	
	实验五	合金钢中锰、钒、硅的光谱定量分析	[6,8]
	实验七	电感耦合等离子体原子发射光谱法测定锌锭中铅的含量	[9]
	实验八	电感耦合等离子体原子发射光谱法测定矿泉水中微量元素	[10]
	实验九	电感耦合等离子体原子发射光谱法测定硫铁矿中的铁	[7]
	实验十	阳离子树脂交换-电感耦合等离子体原子发射光谱法测定15种稀土元素	[11]
	实验十一	铋精矿石中杂质元素的发射光谱(摄谱法)定性、定量分析(设计性实验)	[9]
第三章 原子吸收光谱与原子荧光光谱法	实验十五	原子吸收光谱法测定的干扰及其消除	[12]
	实验十六	火焰原子吸收光谱法灵敏度和检出限及自来水中钙、镁的测定	[13]
	实验十八	火焰原子吸收光谱法测定铝合金中镁的含量(标准加入法)	[9]
	实验二十	豆乳粉中铁、铜、钙的测定(设计性实验)	[12]
	实验二十一	原子吸收光谱法测定工业废水中铬(VI)-阳离子表面活性剂的增感效应	[6,14]
	实验二十三	石墨炉原子吸收光谱法测定血清中的铬	[12]
	实验二十四	石墨炉原子吸收光谱法测定试样中痕量镉	[15]
	实验二十八	冷原子荧光法测定废水中痕量汞	[12]

续表

章	节	文献编号
第五章 电感耦合等离子体质谱法	实验三十五　王水溶样-电感耦合等离子体质谱法测定硅酸盐岩石中砷、锑、铋、银、镉、铟	[7]
	实验三十八　单颗粒-电感耦合等离子体质谱（SP-ICP-MS）测定银纳米粒子（探索性实验）	[16-18]
第六章 电导分析法	实验三十九　电导池常数及水质纯度测定	[9,15,19]
	实验四十　电导滴定法测定醋酸的解离常数 Ka	[9,15]
第七章 电位分析法	实验四十二　电位法测定皮蛋的 pH 值	[6,9]
	实验四十六　氯离子选择性电极性能的测试（设计性实验）	[4,13,20]
	实验四十七　电位滴定法测定氯离子浓度和 AgCl 的 Ksp	[2,9,13,15]
	实验四十八　非水电位滴定法测定药物中有机碱的含量	[10]
第八章 电解和库仑分析法	实验五十　铜合金中铜的测定及铜合金中铜与铅的同时测定（恒电流电解法）	[15,19]
	实验五十一　库仑滴定法测定硫代硫酸钠的浓度	[12]
第九章 伏安和极谱分析法	实验五十三　极谱分析中的氧波、极大现象及迁移电流的消除	[13,15]
	实验五十四　极谱法定性和定量测定铜	[12,19]
	实验五十八　极谱法测定镉离子的半波电位和电极反应的电子数	[15,19]
	实验六十　阳极溶出伏安法测定水样中微量镉	[3,12]
	实验六十一　阴极溶出伏安法测定水果中抗坏血酸（设计性实验）	[20]
第十章 气相色谱（-质谱）法	实验六十五　气-固色谱法测定空气中 O_2、N_2 组分的含量	[9]
	实验六十六　气相色谱法测定白酒中甲醇含量	[10,12]
	实验六十七　混二甲苯分析（设计性实验）	[12,21]
	实验六十八　醇系物的分离（程序升温气相色谱法）	[10]
第十一章 高效液相色谱法	实验七十三　高效液相色谱法测定饮料中的咖啡因	[9,15]
	实验七十五　对羟基苯甲酸酯类混合物的反相高效液相色谱分析（设计性实验）	[9,22]

附 录

附录一 元素分析线

元素	分析线 波长/nm	强度	分析灵敏度 及范围/%	干扰情况
Ag	328.068 Ⅰ	10R	0.000 3	Fe、Zr、Mn、Ce(3 280.67Å)
	338.289 Ⅰ	9R	0.000 03~0.01	Ce(3 382.9Å)、Cr、Sb(>1%)
	243.779 Ⅰ	2	>5	Ni(>0.1%)
Al	308.261 Ⅰ	8	0.001	V(0.3%)、Mn(1%)、Th(3 082.2Å)、Ce(3 082.3Å)
	309.271 Ⅰ	9	0.001	Mg(3 092.99Å)(>0.03%)
	265.249 Ⅰ	5R	0.03	
As	234.984 Ⅰ	7R	0.01~1	Ti(>5%)、Cu(>10%)
	286.045 Ⅰ	6R	0.01~1	V(2 860.5Å)
	299.099 Ⅰ	1	>3	
Au	242.795 Ⅰ	9	>0.001	Sr、Pt(1%)、Cr、Nb(>10%)
	267.595 Ⅰ	9	>0.001	Co(1%)、W(1%)、Nb(0.2%)、V(5%)
Ca	393.397 Ⅱ	9R	0.001~0.03	Ce(3 933.7Å)、V(3 934.01Å)
	315.887 Ⅱ	5	0.1~1	
	422.673 Ⅰ	9R	>0.001	
Cd	326.105 Ⅰ	8	0.003	Mn(>30%)、V(3 261.08Å)、W(3 261.17Å)
	340.365 Ⅰ	6	0.01	
	228.802 Ⅰ	9R	0.001	
Cs	852.110 Ⅰ		0.003~0.01	在红外板上摄谱
	455.536 Ⅰ	5R	0.3	Ba(0.01%)、Ti(0.1%)
Co	340.512 Ⅰ	8R	0.001~0.01	Nb(3 404.4Å)、Zr(3 404.8Å)、Ti、Y、Cr
	345.351 Ⅰ	8R	0.001~0.01	Cr、Ni(0.3%)
	241.530 Ⅰ		0.003~0.1	

续附录一

元素	分析线 波长/nm	强度	分析灵敏度 及范围/%	干扰情况
Cr	425.433 I	9R	0.001~0.01	Nb(4 254.4Å)、Ce(4 254.7Å)
	301.476 I	6R	0.003~0.01	Nb(3 014.45Å)(>3%)
	240.862 I	3R	>0.3	Th(3 273.9Å)、Co(0.3%)、Ti(1%)、Fe(5%)、Mn(10%)
Cu	327.396 I	10R	0.000 1~0.000 3	
	324.754 I	10R	0.000 1~0.000 3	Co、Mo(0.1%)、Cr、Nb(1%)、Fe(1%)
	282.437 I	6	0.03~1	Mn(>5%)、U(2 824.3Å)
Fe	302.064 I	9R	0.001	
	259.940 II	8	0.003~0.1	
	259.957 I	8	0.003~0.1	
K	769.898 I		0.001	在红外感光板上摄谱
	404.720 I	4	>0.1	Fe、CN
	404.414 I	5	>0.1	Fe、CN
Mg	285.213 I	10R	0~0.1	Na(>0.3%)、Ce(2 852.1Å)
	280.270 II	9R	0~0.1	U(2 802.6Å)、Ce(2 802.7Å)
	277.669 I	5	0.1~1	
Mn	279.482 I	9R	0.001~0.01	Mg(0.3%)、Zr(10%)
	280.106 I	9R	0.001~0.01	Mg(0.3%)、Zr(10%)
	259.58 I	5	0.1~1	
Mo	317.035 I	9R	0.001~0.02	Fe(3 170.35Å)、Ta(3 170.3Å)
	313.259 I	9R	0.001~0.02	V、Fe、Mn、Ta、Ce
	308.563 I	5	0.02~1	

注:"干扰情况"一列"( )"中的含量代表大于该数值有干扰,或在此峰值处有干扰。

附录二 常用显影液和定影液配方

分类	具体种类	显影液		
		试剂名称(条件)	试剂用量	配制方法
显影液	A、B显影液(此种显影液由A和B两种显影液组成,使用时按体积比1:1临时混合)	显影液A 水	500mL	显影液A由4种试剂按照规定用量混合,最后加水稀释至1L配制而成
		显影液A 米吐尔	2.3g	
		显影液A 无水亚硫酸钠	55g	
		显影液A 海德洛	11.5g	
		显影液B 水	500mL	显影液B由规定试剂按照要求用量混合,最后加水稀释至1L配制而成
		显影液B 无水碳酸钠	57g	
		显影液B 溴化钾	7g	
	柯达D-11显影液	水	500mL	由规定试剂按照要求用量混合,最后加水稀释至1L配制而成
		米吐尔	1g	
		无水亚硫酸钠	75g	
		海德洛	9g	
		无水碳酸钠	225g	
		溴化钾	5g	
	天津感光胶片厂推荐显影液	水	700mL	由规定试剂按照要求用量混合,最后加水稀释至1L配制而成
		米吐尔	1g	
		无水亚硫酸钠	26g	
		海德洛	5g	
		无水碳酸钠	20g	
		溴化钾	1g	
定影液	酸性坚膜定影液F-5	水(50℃)	600mL	由规定试剂按照要求用量混合,最后加水稀释至1L配制而成,其中醋酸可用48mL冰醋酸(98%)替代
		硫代硫酸钠	240g	
		无水亚硫酸钠	15g	
		冰醋酸(质量分数28%)	48mL	
		硼酸	7.5g	
		明矾	15g	
	快速酸性坚膜定影液F-7	水(50℃)	600mL	由规定试剂按照要求用量混合,最后加水稀释至1L配制而成
		硫代硫酸钠	260g	
		氯化铵	50g	
		无水亚硫酸钠	15g	
		冰醋酸(质量分数28%)	48mL	
		明矾	7.5g	
	快速定影液	水(50℃)	500mL	由规定试剂按照要求用量混合,最后加水稀释至1L配制而成
		硫代硫酸钠	300g	
		氯化铵	60g	

附录三 pH标准缓冲溶液的组成和性质

溶液名称	标准物质分子式	质量摩尔浓度/mol·kg^{-1}	摩尔体积浓度/mol·L^{-1}	每升溶液中溶质质量/g·L^{-1}	溶液密度/g·cm^{-3}	稀释值 $\Delta pH_{\frac{1}{2}}$	缓冲值 β/mol·pH^{-1}	温度系数 (dpH/dT)/pH·℃$^{-1}$
四草酸三氢钾	$KH_3(C_2O_4)_2 \cdot 2H_2O$	0.05	0.049 62	12.61	1.003 2	+0.186	0.07	+0.001
25℃饱和酒石酸氢钾	$KHC_4H_4O_8$	0.034 1	0.034	>7	1.003 6	+0.049	0.027	−0.001 4
苯二甲酸氢钾	$KHC_8H_4O_4$	0.05	0.049 58	10.12	1.001 7	+0.052	0.016	−0.001 2
磷酸氢二钠-磷酸二氢钾	Na_2HPO_4-KH_2PO_4	(0.025)−(0.025)	(0.024 9)−(0.024 9)	(3.533)−(3.387)	1.002 8	+0.080	0.029	−0.002 8
磷酸氢二钠-磷酸二氢钾	Na_2HPO_4-KH_2PO_4	(0.030 43)−(0.008 695)	(0.030 32)−(0.008 665)	(4.303)−(1.179)	1.002 0	+0.07	0.016	
硼砂	$Na_2B_4O_7 \cdot 10H_2O$	0.01	0.009 971	3.80	0.999 6	+0.01	0.020	−0.008 2
碳酸钠-碳酸氢钠	Na_2CO_3-$NaHCO_3$	(0.025)−(0.025)		(2.092)−(2.640)		+0.079	0.029	−0.009 6
25℃饱和氢氧化钙	$Ca(OH)_2$	0.020 3	0.020 25	>2	0.999 1	−0.28	0.09	−0.033

附录四 中国建立的 7 种 pH 基准缓冲溶液的 pH_s 值

温度/℃	0.05mol/kg 四草酸氢钾	25℃饱和 酒石酸氢钾	0.05mol/kg 邻苯二甲酸氢钾	0.025mol/kg 混合磷酸盐	0.008 695mol/kg 磷酸二氢钾、0.030 43mol/kg 磷酸二氢钠	0.01mol/kg 硼砂	25℃饱和氢氧化钙
0	1.668		4.006	6.981	7.515	9.458	13.416
5	1.669		3.999	6.949	7.490	9.391	13.210
10	1.671		3.996	6.921	7.467	9.330	13.011
15	1.673		3.996	6.898	7.445	9.276	12.820
20	1.676		3.998	6.879	7.426	9.226	12.637
25	1.680	3.559	4.003	6.864	7.409	9.182	12.460
30	1.684	3.551	4.010	6.852	7.395	9.142	12.292
35	1.688	3.547	4.019	6.844	7.386	9.105	12.130
37				6.839	7.383		
40	1.694	3.547	4.029	6.838	7.380	9.072	11.975
45	1.700	3.550	4.042	6.834	7.379	9.042	11.828
50	1.706	3.555	4.055	6.833	7.383	9.015	11.697
55	1.713	3.563	4.070	6.834		8.990	11.533
60	1.721	3.573	4.087	6.837		8.968	11.426
70	1.739	3.596	4.122	6.847		8.926	
80	1.759	3.622	4.161	6.862		8.890	
90	1.782	3.648	4.203	6.881		8.856	
95	1.795	3.660	4.224	6.891		8.839	

附录五 不同温度下甘汞电极的电极电势(mV, vs. SHE)

温度/℃	饱和 KCl	3.5mol/L KCl	1mol/L KCl	0.1mol/L KCl
0	260.2			
10	254.1	255.6		
20	247.7	252.0		335.8
25	244.5	250.1	283.0	335.6
30	241.5	248.1		335.4
40	234.3	243.9		
50	227.2			
60	219.9			
90				

附录六 不同温度下 Ag/AgCl 电极的电极电势(mV, vs. SHE)

| 温度/℃ | $E^{\ominus}$/mV | $E^{\ominus}+E_j^*$/mV | |
		3.5mol/L KCl 溶液	饱和 KCl 溶液
0	236.6		
10	231.4	215.2	213.8
20	225.6	208.2	204.0
25		204.6	198.9
30	219.0	200.9	193.9
40	212.1	193.3	183.5
50	204.5		
60	196.5		
90	169.5		

附录七 极谱半波电位表(25℃)

电活性物质	底液	价态变化	$E_{1/2}/V$(vs. SCE)
Al^{3+}	0.2mol/L Li_2SO_4、$5×10^{-3}$mol/L H_2SO_4	3→0	-1.64
As(Ⅲ)	1mol/L HCl	3→0	-0.43
		0→-3	-0.60
Bi(Ⅲ)	1mol/L 酒石酸钠、0.8mol/L NaOH、1mol/L HCl、质量分数0.01%明胶、0.1mol/L NaOH、质量分数0.01%明胶	3→5	-0.31
		3→0	-0.09
		3→0	-1.00
$[CdCl_x]^{(2-x)}$	3mol/L HCl	2→0	-0.70
$[Cd(NH_3)_x]^{2+}$	1mol/L NH_3、1mol/L NH_4Cl	2→0	-0.81
$[Co(NH_3)_6]^{3+}$	2.5mol/L NH_3、0.1mol/L NH_4Cl	3→2	-0.53
$[Co(NH_3)_5H_2O]^{2+}$	1mol/L NH_3、1mol/L NH_4Cl	2→0	-1.32
Co^{2+}	1mol/L KCl	2→0	-1.3
Cr^{3+}	1mol/L K_2SO_4	3→2	-1.03
$[Cr(NH_3)_x]^{3+}$	1mol/L NH_3、1mol/L NH_4Cl、质量分数0.005%明胶	3→2	-1.42
		2→0	-1.70
$[Cu(NH_3)_2]^{2+}$	1mol/L NH_3、1mol/L NH_4Cl	1→2	-0.25
		1→0	-0.54
Cu^{2+}	0.5mol/L H_2SO_4、质量分数0.01%明胶	2→0	0
Fe^{3+}-柠檬酸	0.5mol/L 柠檬酸钠、0.05mol/L NaOH、质量分数0.005%明胶	3→2	-0.87
		2→0	-1.62
Fe^{3+}	0.1mol/L HCl	3→2	+0.52(铂电极)
$[Fe(C_2O_4)_3]^{3-}$	0.05mol/L $Na_2C_2O_4$ 和 0.05mol/L $NaClO_4$,pH=5.6	3→2	-0.27
Fe^{2+}	1mol/L KCl	2→0	-1.30
H^+	0.1mol/L KCl	1→0	-1.58
Hg_2Cl_2	0.1mol/L Na_2SO_4、$5×10^{-3}$mol/L H_2SO_4、$1×10^{-3}$mol/L Cl^-	1→0	+0.25
$[InCl_x]^{(3-x)}$	1mol/L HCl	3→0	-0.60
K^+	0.1mol/L 四甲基氯化铵	1→0	-2.13
Mg^{2+}	四甲基氯化铵	2→0	-2.20
Mn^{2+}	0.1mol/L KCl	2→0	-1.50

续附录七

电活性物质	底 液	价态变化	$E_{1/2}/\text{V(vs. SCE)}$
Mo(Ⅵ)	0.5mol/L H_2SO_4	6→5	−0.29
		5→3	−0.84
Na^+	0.1mol/L 四甲基氯化铵	1→0	−2.10
Ni^{2+}	$HClO_4$,pH=0~2	2→0	−1.1
$[Ni(NH_3)_6]^{2+}$	1mol/L NH_3、0.2mol/L NH_4Cl	2→0	−1.06
$[Ni(吡啶)_6]^{2+}$	1mol/L KCl、0.5mol/L 吡啶、质量分数 0.01%明胶	2→0	−0.78
O_2	缓冲介质,pH=1~10	0→−1	−0.05
		−1→−2	−0.94
$[PbCl_x]^{(2-x)}$	1mol/L HCl	2→0	−0.44
Pb-柠檬酸	1mol/L 柠檬酸钠、0.1mol/L NaOH	2→0	−0.78
S^{2-}	0.1mol/L KOH 或 NaOH	→HgS	−0.76
Sb(Ⅲ)	1mol/L HCl、质量分数 0.01%明胶	3→0	−0.15
Sn^{4+}	1mol/L HCl、4mol/L NH_4Cl、质量分数 0.005%明胶	4→0	−0.25
		2→0	−0.52
Ti^{4+}	0.2mol/L 酒石酸	4→3	−0.38
Tl^+	0.02mol/L KCl、质量分数 0.004%明胶	1→0	−0.45
UO_2^{2+}	0.1mol/L HCl	6→5	−0.18
		5→3	−0.94
Zn^{2+}	1mol/L KCl、1mol/L NH_3、1mol/L NH_4Cl、质量分数 0.005%明胶	2→0	−1.02
		2→0	−1.35

附录八 KCl溶液的电导率

单位：μs/cm

温度/℃	KCl溶液浓度			
	1mol/L	0.1mol/L	0.02mol/L	0.01mol/L
1	67.13	7.36	1.566	0.800
2	68.86	7.57	1.612	0.824
3	70.61	7.79	1.659	0.848
4	72.37	8.00	1.705	0.872
5	74.14	8.22	1.752	0.896
6	75.93	8.44	1.800	0.921
7	77.73	8.66	1.848	0.945
8	79.54	8.88	1.896	0.970
9	81.36	9.11	1.954	0.995
10	83.19	9.33	1.994	1.020
11	85.64	9.56	2.043	1.045
12	86.87	9.79	2.093	1.070
13	88.76	10.02	2.142	1.095
14	90.63	10.25	2.193	1.121
15	92.52	10.48	2.243	1.147
16	94.41	10.72	2.294	1.173
17	96.31	10.95	2.345	1.199
18	98.22	11.19	2.397	1.225
19	100.14	11.43	2.449	1.251
20	102.07	11.67	2.501	1.278
21	104.00	11.91	2.553	1.305
22	105.54	12.15	2.606	1.332
23	107.89	12.39	2.659	1.359
24	109.84	12.64	2.712	1.386
25	111.80	12.88	2.765	1.413
26	113.77	13.13	2.819	1.441
27	115.74	13.37	2.873	1.468

续附录八

温度/℃	浓度			
	1mol/L	0.1mol/L	0.02mol/L	0.01mol/L
28		13.62	2.927	1.496
29		13.87	2.981	1.524
30		14.12	3.036	1.552
31		14.37	3.091	1.581
32		14.62	3.146	1.609
33		14.88	3.201	1.638
34		15.13	3.256	1.667
35		15.39	3.312	

附录九 无限稀溶液的离子摩尔电导率(25℃)

正离子	$\lambda \cdot +$	负离子	$\lambda \cdot -$
K^+	73.51	Cl^-	76.34
Na^+	50.11	Br^-	78.4
H^+	349.82	I^-	76.85
Ag^+	61.92	NO_3^-	71.44
Li^+	38.69	HCO_3^-	44.48
NH_4^+	73.4	OH^-	198
Tl^+	74.7	CH_3COO^-	40.9
$\frac{1}{2}Ca^{2+}$	59.50	CH_2ClCOO^-	39.7
$\frac{1}{2}Ba^{2+}$	63.64	$C_2H_5COO^-$	35.81
$\frac{1}{2}Sr^{2+}$	59.46	$C_3H_7COO^-$	32.59
$\frac{1}{2}Mg^{2+}$	53.06	ClO_4^-	68.0
$\frac{1}{3}La^{3+}$	69.6	$C_6H_5COO^-$	32.3
$\frac{1}{3}Co(NH_3)_6^{3+}$	102.3	$\frac{1}{2}SO_4^{2-}$	79.8
		$\frac{1}{3}Fe(CN)_6^{3-}$	101.0
		$\frac{1}{4}Fe(CN)_6^{4-}$	110.5

附录十 元素的相对原子质量(A_r)表(IUPAC 2011年)

元素	符号	A_r	元素	符号	A_r	元素	符号	A_r
银	Ag	107.868 2(2)	氦	He	4.002 602(2)	铂	Pt	195.084(9)
铝	Al	26.981 538 6(8)	铪	Hf	178.49(2)	铷	Rb	85.467 8(3)
氩	Ar	39.948(1)	汞	Hg	200.592(3)	铼	Re	186.207(1)
砷	As	74.921 60(2)	钬	Ho	164.930 32(2)	铑	Rh	102.905 50(2)
金	Au	196.966 55(2)	碘	I	126.904 47(3)	钌	Ru	101.07(2)
硼	B	[10.806, 10.821]	铟	In	114.818(1)	硫	S	[32.059, 32.076]
钡	Ba	137.327(7)	铱	Ir	192.217(3)	锑	Sb	121.760(1)
铍	Be	9.012 182(3)	钾	K	39.098 3(1)	钪	Sc	44.955 912(6)
铋	Bi	208.980 40(1)	氪	Kr	83.798(2)	硒	Se	78.96(3)
溴	Br	[79.901, 79.907]	镧	La	138.905 47(7)	硅	Si	[28.084, 28.086]
碳	C	[12.009 6, 12.011 6]	锂	Li	[6.938, 6.997]	钐	Sm	150.36(2)
钙	Ca	40.078(4)	镥	Lu	174.966 8(1)	锡	Sn	118.710(7)
镉	Cd	112.411(8)	镁	Mg	[24.304, 24.307]	锶	Sr	87.62(1)
铈	Ce	140.116(1)	锰	Mn	54.938 045(5)	钽	Ta	180.947 88(2)
氯	Cl	[35.446, 35.457]	钼	Mo	95.96(2)	铽	Tb	158.925 35(2)
钴	Co	58.933 195(5)	氮	N	[14.006 43, 14.007 28]	碲	Te	127.60(3)
铬	Cr	51.996 1(6)	钠	Na	22.989 769 28(2)	钍	Th	232.038 06(2)
铯	Cs	132.905 451 9(2)	铌	Nb	92.906 38(2)	钛	Ti	47.867(1)
铜	Cu	63.546(3)	钕	Nd	144.242(3)	铊	Tl	[204.382, 204.385]
镝	Dy	162.500(1)	氖	Ne	20.179 7(6)	铥	Tm	168.934 21(2)
铒	Er	167.259(3)	镍	Ni	58.693 4(4)	铀	U	238.028 91(3)
铕	Eu	151.964(1)	氧	O	15.999 4(3)	钒	V	50.941 5(1)
氟	F	18.998 403 2(5)	锇	Os	190.23(3)	钨	W	183.84(1)
铁	Fe	55.845(2)	磷	P	30.973 762(2)	氙	Xe	131.293(6)
镓	Ga	69.723(1)	镤	Pa	231.035 88(2)	钇	Y	88.905 85(2)
钆	Gd	157.25(3)	铅	Pb	207.2(1)	镱	Yb	173.054(5)
锗	Ge	72.630(8)	钯	Pd	106.42(1)	锌	Zn	65.38(2)
氢	H	[1.007 84, 1.008 11]	镨	Pr	140.907 65(2)	锆	Zr	91.224(2)

注:括号内的数字指末位数字的不确定度。